Ken Cservenka & Richard Copping

Praxisratgeber
Klassikerkauf

VW Bus

Alle Modelle von 1950 bis 1990
Baureihe T1 bis T3

HEEL

IMPRESSUM

HEEL Verlag GmbH
Gut Pottscheidt
53639 Königswinter
Telefon: 02223 9230-0
Telefax: 02223 923013
info@heel-verlag.de
www.heel-verlag.de

3. Auflage 2021

Der Originaltitel „The Essential Buyer's Guide VW Bus" ist erschienen bei:
Veloce Publishing Ltd.
Parkway Farm Business Park,
Middle Farm Way
Dorchester DT1 3AR
England

Übersetzung ins Deutsche: Heiner Stertkamp

Lektorat: Martin Henze

Satz: Stefan Witterhold, HEEL Verlag GmbH

Druck und Verarbeitung: D+L Printpartner, Bocholt

Printed in Germany

ISBN: 978-3-86852-601-1

Inhalt

Einleitung – Der Zweck dieses Buches

Herzlichen Glückwunsch! Mit dem Kauf dieses Buches sind Sie auf dem besten Weg, Besitzer eines der heute populärsten VW-Klassiker zu werden.

Hier geht es um drei Bus-Baureihen von Volkswagen aus vier Jahrzehnten. Dabei werden die vielen Modellvarianten angesprochen, vom Kasten- oder Pritschenwagen als Arbeitstier bis zur Luxusversion. Behandelt werden auch die Campingbus-Umbauten, vom Werksmodell bis zum Eigenbau. So ein Variantenreichtum kann nur betrachtet werden, weil unter der Haut immer der gleiche Bus steckt, der sich von 1950 bis 1979 (und in gewissem Maß sogar noch 1990) im Kern nur wenig verändert hat.

Da VW sich viele Jahre lang mit dem einfachen Namen „Bus“ zufrieden gab, werden die drei Baureihen nach ihren werksinternen Bezeichnungen T1 (1950 bis 1967), T2 (1968 bis 1979) und T3 (1980 bis 1990, in USA „Vanagon“ genannt) unterschieden.

Alle drei Reihen haben ihre Anhänger und Kritiker, besonders die dritte, wenn sie mit Wasserboxer oder dem aus dem Golf stammenden Diesel-Reihenvierzylinder daherkommt. Wir werden Sie zu dem Ihren Bedürfnissen am besten gerecht werdenden Modell führen. Alle drei Generationen haben gerade einen beträchtlichen Preisschub erlebt, und wenn Sie einen unterhalb unserer Wertangaben ergattern, dürfen Sie sich sicher glücklich schätzen (sofern das Fahrzeug der vermeintlichen Zustandsklasse auch wirklich entspricht). Haben Sie mehr bezahlt, so zeigt dies, dass jemand bereits einen hübschen Gewinn auf die Investition realisieren konnte, den auch Sie in den nächsten Jahren erwarten können.

Ken Cservanka und Richard Copping

Dieser T1 vom Februar 1963 ist ein zum Campingwagen umgebauter Kombi.

Dieser T2 von 1972 hat eine 1600er-Maschine mit Zweikanal-Ansaugkrümmer; Lackierung: Pastellweiß über Niagara-Blau.

Der fehlende zweite Kühlergrill verrät diesen Zweiliter-T3 als luftgekühlte Ausführung.

1 Der richtige Wagen?

Große und kleine Fahrer

Solange Sie bedenken, dass der Bus auch in Komfortausführung als Nutzfahrzeug konzipiert wurde und Sie nicht zu hoch aufgeschossen sind, sollten Sie zurechtkommen.

Bedienbarkeit

Manche meinen, der Bus erfordere hohe Lenkkräfte und fahre sich schwierig, aber das ist häufig auch ein subjektives Empfinden, da man schnell in die Versuchung kommt, den Fahrkomfort moderner Fahrzeuge als Maßstab zu nehmen.

Abmessungen

Normalerweise passt der Bulli in jede durchschnittliche Garage, zu beachten ist die Fahrzeughöhe (1925 Millimeter beim T1, über 1950 beim T3) und der Umstand, dass eventuell ein Hochdach montiert ist.

Innenraum

Wie hieß es doch damals: Ein Kasten auf Rädern, auch wenn eine Urlaubsreise mit dem Pritschenwagen zum Abenteuer werden dürfte.

Unterhaltskosten

Verbrauchswerte unter 10 Liter sind bei Benzinern, ganz gleich welchen Baujahrs kaum zu erreichen, je nach Ausführung (z. B. T3 mit Wasserboxermotor als Syncro oder Automatic) können es auch 17 Liter auf 100 km sein. Zum Glück gibt's die T3-Bullis auch als Diesel. Da liegen die Verbräuche stabil bei unter 10 Litern. Auch die Verschleißteile für alle drei Bus-Reihen vergleichsweise preiswert, zahlreiche Karosseriebleche werden wegen der hohen Nachfrage bereits nachgefertigt, allerdings in unterschiedlichen Qualitäten. Vor allem Spezialteile für Sondermodelle wie den T1 Samba oder den T2 „Silberfisch" sind schwierig zu bekommen und werden zum Teil „mit Gold aufgewogen".

Alltagstauglichkeit

Mäßige Fahrleistungen sind beim T1 unvermeidlich, wenn er nicht die 1500er-Maschine hat. Selbst die 1600er-T2 werden gescholten, und ein schwerer 1600er-T3 kommt kaum von der Stelle. Halten Sie Ausschau nach einem luftgekühlten Zweiliter oder einem wassergekühlten T3, wenn Sie den Wagen im Alltag einsetzen wollen. Dennoch reicht die Leistung aller Modelle ab 1961 für entspannte Urlaubs- und Wochenendausfahrten durchaus aus.

Teileverfügbarkeit

Die meisten Teile sind beschaffbar, nicht zuletzt wegen der Verwandtschaft mit dem Käfer. Dank der Beliebtheit des Modells gibt es bei freien Teilehändlern zahlreiche Nachfertigungen, oft kaum schlechter als Originalteile. Nicht zuletzt kümmert sich auch das Volkswagen-Audi Classic Parts Center um die Betreuung von Old- und Youngtimerbesitzern.

Teilekosten
Insgesamt vernünftig. Es gibt viel Zubehör. Manche Teile für die ältesten Modelle sind recht kostspielig.

Versicherung
Bei den Oldtimerversicherungen können Sie das Fahrzeug seinem Marktwert und der geplanten Laufleistung entsprechend preiswert vollkaskoversichern.

Werterhalt
Wer vor zehn Jahren einen T1 kaufte und ihn nun abgeben will, darf sich auf einen schönen Gewinn freuen! Der T2 zieht auch deutlich an, aber günstige Fahrzeuge kann man noch finden – Vorsicht vor schlechten Exemplaren, in die ein Vermögen investiert werden müsste, um sie auf Vordermann zu bringen. Beim T3 ist die Lage unklar; den Bewertungen von Club-Sachverständigen zufolge sollen manche Exemplare in den letzten zwei bis drei Jahren tausende Euros zugelegt haben, aber manche unabhängige Werkstätten kriegen sie – noch – für kleines Geld nicht verkauft.

Schwächen
Vor Mitte der 1960er Jahre entsetzlich lahm. Dass VW so eisern an luftgekühlten Motoren auf Käferbasis festhielt, lässt manchen Fahrer an der leichtesten Steigung schier verzweifeln. Dazu kommt die „Backstein-Aerodynamik" aller Baureihen bis zum T3.

Pluspunkte
Ein Kultfahrzeug, das schon bei der ersten Fahrer-Generation beliebt war. Die späteren Modelle scheinen diese Entwicklung ebenfalls nehmen zu wollen. Langlebigkeit dank Luftkühlung, die außergewöhnliche Form eines Klassikers, mit dem man Spaß haben kann – eine „coole" Alternative zum Campen.

Nachteile
Hohe Preise für frühe Modelle, die klar im fünfstelligen Bereich liegen. Nutzen der Kasten- oder der Pritschenwagen – oder gar mobilen Verkaufsstände und Krankenwagen? Bis 1967 nur Sechs-Volt-Anlagen! Mehr gefährlicher Rost an tragenden Teilen als beispielsweise beim Käfer.

Alternativen
Zum T1 eigentlich keine, aber es gibt größere, preiswertere Fahrzeuge, die hier nicht genannt werden, weil wir sie nicht wählen würden.

Die aufrechte Sitzposition gibt eine gute Übersicht über die Straße.

2 Kosten

VW empfiehlt alle 5000 oder 10.000 Kilometer, spätestens in jährlichem Abstand Ölwechsel und Schmierung sowie alle 30.000 km das Wechseln von Getriebeöl und Bremsflüssigkeit. Wassergekühlte und Dieselmotoren haben längere Ölwechselintervalle und brauchen keinerlei Getriebeölwechsel.

Neue Kupplung: ca. 500,– bis 700,– € inkl. Einbau
Überholte Motoren (ohne Einbau): luftgekühlter 1600er 1250,– €, luftgekühlte Zweiliter, Wasserboxer und Diesel ab 1700,– €
Überholtes Getriebe: ca. 600,- bis 800,- € (je nach Baujahr und Ausführung)
Bleifrei-Köpfe (ohne Einbau): 1600er je ca. 110,– €, 2000er je ca. 200,– €, Wasserboxer je ca. 300,– €
Zylinderkopf Diesel und Turbodiesel: ab ca. 470,– € (1 Stück)
Bremstrommel hinten für T2 und T3: ab ca. 35,– €
Bremsscheiben: ab ca. 35,– € (1 Stück)
Bremsbelagsatz T2 ab 1971 und T3: ab ca. 14,– €
Bremsschuhe T1 bis 1962: vorn ca. 55,– €, hinten ca. 43,– €
Bremsschuhe T1 ab 1963: vorn und hinten je Paar ca. 33,– €
Bremsschuhe T2: vorn und hinten je Paar ca. 33,– €
Bremsschuhe T3: hinten ca. 30,– €
Scheinwerfer, original Hella: T2 bis 1973: ca. 95,– €
Vorderachsträger: ab ca. 275,– €
Bremssättel (T2): ab ca. 170,– € das Paar
Auspuffanlage (ohne Montage) T2: ab ca. 90,– €
Auspuffanlage (ohne Montage) T3 1600er luftgekühlt: ab ca. 220,– €
Auspuffanlage (ohne Montage) T3 2000er luftgekühlt: ab ca. 100,– €
Auspuffanlage (ohne Montage) Wasserboxer: ab ca. 210,– €
Auspuffanlage (ohne Montage) Diesel: ab ca. 140,– €
Lenkgetriebe T2 ab 1973: 200,– €
Lenkzahnstange T3: 85,– €
Umbaukit auf Doppelvergaser Weber oder Dellorto: ab ca. 400,– €

Eine neue Kupplung kostet je nach Modell zwischen ca. 100,– und 150,– €, wenn Sie sie selbst einbauen.

Ein neuer Reflektor für den T1 kostet ca. 33,– €, die komplette große Blinkleuchte 100,– €.

Die Preise für eine komplette Karosserierestaurierung oder eine Komplettlackierung sind in der Regel Verhandlungssache.
Leicht zu finden sind Karosserieteile für späte Bus-Modelle, Verschleißteile, Innenausstattung und Dichtungen für späte Exemplare, Motorteile ab T2.
Schwieriger aufzutreiben sind Automatik-Teile (ab 1973 auf Wunsch erhältlich), originale Karosserie-, Fahrwerks- und Beleuchtungsteile, T1-Lenkgetriebe, 30- und frühe 34-PS-Motoren.
Besonders teuer sind T1- und frühe T2-Stoßstangen, T1- und T2-Lenkgetriebe, hochstellbare Westfalia-Dächer, frühe Rückleuchten, Winker, frühe Innenausstattungsteile und Schalter.

3 Leben mit dem Bus

Der geräumige Laderaum des T1 mag praktisch erscheinen, doch was fängt der heutige Besitzer damit an?

Klammern wir zunächst Kasten- und Pritschenwagen aus, denn diese Varianten kommen eigentlich nur für den gewerblichen Gebrauch infrage. Für die Freizeit wird man sie eher nicht wählen. Der späte T3 kann für einen Kleingewerbetreibenden mit schmalem Budget durchaus für ein paar Monate in Betracht kommen, aber der wird sich kaum diesen Ratgeber anschaffen. Wenn Sie einen Krankenwagen, ein ehemaliges Einsatzfahrzeug oder einfachen Kastenwagen wählen, werden Sie mitten in der Spezialistenszene stecken und für den Alltag ein anderes Fahrzeug benutzen.

Kaum jemand wird den T1 im Alltag praktisch finden; ein Exemplar aus den 1950er Jahren kommt nur für Gelegenheitsfahrten in Betracht. Ein „Samba"-Luxusbus aus den 1960er Jahren, Vorläufer der heutigen Minivans, wäre vielleicht tauglich, aber der hohe Wert lässt es ratsam erscheinen, schonend mit ihm umzugehen und ihn nur bei schönem Wetter aus der Garage zu holen. Das gleiche gilt für den etwas weniger luxuriösen normalen Bus und den Kombi, der als Kleinlieferwagen und für den Personentransport gedacht war. Alle T1 bis auf den Abschlussjahrgang 1967 haben die bescheidene Sechs-Volt-Elektrik und günstigstenfalls den 1200er-Motor mit 34 PS.

Im Sommer 1967 wurde dann der T2 vorgestellt. Er war ein großer Schritt nach vorn, so dass er mit den heutigen Anforderungen des Verkehrs durchaus zurechtkommt. Wenn die für den 1600er typischen, mäßigen Fahrleistungen akzeptabel erscheinen, kann der T2 im Alltag Freude machen. Trotz steigender Preise erscheint solch ein Einsatz durchaus vertretbar. Die große, dem Steinschlag ausgesetzte Lackfläche vorn und die werkseitig generell spärliche Rostvorsorge lassen regelmäßige Reparaturarbeiten erwarten, wenn das Fahrzeug auch im Winter eingesetzt wird. Angesichts des Wertverlusts eines neuen Kleinbusses erscheint es hinsichtlich des Klassiker-Appeals durchaus sinnvoll, die Kosten für solche Maßnahmen in Kauf zu nehmen.

Camping-Umbauten laden zu einem kleinen Wochenend-Ausflug ein.

Der T3 genoss eine bessere Rostvorsorge, aber die Karosserienähte bleiben problematisch. Erfahrungen aus dem Freundeskreis zeigen, dass der T3 im Alltag durchaus sinnvoll eingesetzt werden kann. Die ältesten Modelle von 1979 sind vielleicht schon etwas zu betagt dafür, nicht aber die letzten, die ja erst kurz vor Drucklegung dieses Buchs den zwanzigsten Geburtstag gefeiert haben. Mit den späteren Luxusversionen Caravelle und Carat (Einzelheiten dazu später) zog auch der Komfort einer Limousine oder eines heute modischen Vans ein, was sie im Alltag angenehmer macht.

Beim T2 ist ein Wertverlust kaum zu erwarten, rostfreie Exemplare sind allerdings rar.

Der geradezu verschwenderisch ausgestattete Carat aus der Modellreihe T3 nahm die heute populären Vans vorweg.

Am praktischsten ist der Camping-Bus, auch als T1. Nachdem in den 1960er Jahren zahlreiche Unternehmen den Umbau von Kombi oder Bus, manchmal auch des Samba, anboten, entwickelte sich der Bus damals zum idealen Alltagsfahrzeug, mehr als die Modelle der Konkurrenz. Der hohe Kraftstoffverbrauch und die mäßigen Fahrleistungen spielen heute bei der gelegentlichen Nutzung am Wochenende keine große Rolle mehr, er bietet immer noch eine preiswerte Übernachtungsmöglichkeit für unterwegs. Dennoch sei an dieser Stelle auf die Vielzahl der teilweise nicht von professionellen Firmen durchgeführten Umbauten hingewiesen. Nehmen Sie nicht gleich das erstbeste Exemplar in gutem Zustand mit niedriger Laufleistung. Manche bieten bescheidenen Komfort und nur zwei Schlafplätze, andere verwöhnen die ganze Familie mit erstaunlichem Luxus. Vergleichen Sie also beim nächsten VW-Oldtimertreffen verschiedene Ausführungen. Seinerzeit bot nicht nur Westfalia diverse Umbauten an, sondern auch bekannte Firmen wie Devon oder Dormobile. Die Suche nach originalen Innenausbauteilen für eine perfekte Restaurierung kann sich unter Umständen schwierig gestalten.

4 Relative Werte – Welches Modell für welche Ansprüche?

Die Zeiten, in denen es einen T1- oder T2-Bus billig zu erstehen gab, sind leider vorbei. Besonders wertvoll sind natürlich T1-Exemplare aus der ersten Baureihe. Etwas anders sieht die Situation beim T3 aus, wo durchaus die reelle Chance auf ein Schnäppchen besteht. Allerdings sind auch bei dieser Modellreihe Fahrzeuge in sehr gutem Zustand rar und nicht billig, Exemplare mit Zustandsnote 2 oder 3 werden für erschwingliche Preise angeboten. Nachfolgend ein kurzer Blick auf die Modellhistorie sowie auf das Preisgefüge, wie es sich bei Drucklegung darstellte.

Modellübersicht

März 1950	Kastenwagen
Juni 1950	Kombi (einfach ausgestatteter Bus mit leicht herausnehmbaren Sitzbänken, auch als Lieferwagen mit drei zusätzlichen Fenstern auf jeder Seite nutzbar)
Juni 1950	Bus (erster echter Kleinbus mit fest eingebauten Sitzbänken)
Juni 1951	Luxusausführung des Bus („Samba") mit Fensterreihe an den Seiten des Dachs, zusätzlichen Zierteilen und großem Faltschiebedach
August 1952	Pritschenwagen
November 1958	Doppelkabine mit Pritsche (Sechssitzer oder Dreisitzer mit zusätzlichem Gepäckraum, verbunden mit kurzer Liege)
September 1961	Lieferwagen mit Hochdach

Als die Produktion des T1 im Juli 1967 eingestellt wurde, gab es alle Varianten gleich im Anschluss auch als T2. Der frühere Samba wurde kurzzeitig „Clipper" genannt, bald aber „Bus L". Ab August 1972 konnte man eine Dreigang-Automatik als Extra bestellen (nicht für Pritschenwagen). Ab Modelljahr 1974 erhielten die USA einen 1,8-Liter-Einspritzmotor, bis die Produktion im Juli 1979 eingestellt wurde.
Der T3 wurde anfangs mit den gleichen Varianten angeboten, aber es kamen bald weitere hinzu (z. B. Sieben-, Acht- und Neunsitzer). 1981 erschien als Spitzenmodell die Caravelle. Die einfacheren Versionen hießen jetzt offiziell „Transporter" und „Bus" (in den USA bereits „Vanagon" benannt). Mit dem Caravelle Carat kam eine nochmals aufgewertete Version hinzu, im Februar 1985 der allradgetriebene „Syncro". 1986 erschien der zwischen Bus und Campingbus einzuordnende Multivan auf dem Markt. Er wurde anfangs bei Westfalia, dann aber direkt bei VW hergestellt, was den Campingbus endgültig zum regulären VW-Modell werden ließ. 1990 kam der T4 heraus, die Produktion des T3 endete allerdings erst 1992.

Campingbus

Viele Käufer werden den Campingbus bevorzugen, der lange nicht Teil des offiziellen Lieferprogramms war. Stattdessen bauten verschiedene Unternehmen den Bulli entsprechend um (Kombi oder Bus, manchmal auch den Samba). Vorbild war die Firma Westfalia in Wiedenbrück, die als erste schon Anfang der fünfziger Jahre damit begann. Besonders in den USA hatte der Bulli seine Fans, aber auch in England, wo ab 1957 die Devon-Baureihe im Angebot war. Andere bekannte Namen sind Autohome, Canterbury Pitt, Danbury und Dormobile. In den USA bot Andrews Inc. aus Indiana das Sportsmobile, in Deutschland Karmann den Campingbus mit Wohnwagenausstattung an.

1950 bis März 1955: T1 mit großer Motorhaube

Bis März 1955 hatte der Bulli eine riesige Motorhaube, erreichte aber mit dem 25-PS-Käfermotor gerade einmal 80 km/h. Bis 1953 war das Getriebe gänzlich unsynchronisiert. Diese sehr seltene Ausführung ist besonders wertvoll, da begehrt bei Sammlern und Restauratoren. Für eine Kombiausführung werden um die 36.000 Euro aufgerufen. Mit über 60.000 Euro stellt die Samba-Variante das Spitzenmodell dar. Selbst Exemplare der genannten Baureihen im Zustand 3 erzielen Preise zwischen 15.000 und 23.000 Euro.

März 1955 bis Juli 1967: Überarbeiteter T1

Der Bulli wurde mit einem leicht über die Windschutzscheiben hinausragenden Dach versehen und der Innenraum besser belüftet. Alle Modelle hatten eine über die ganze Wagenbreite reichende Armaturentafel und eine deutlich kleinere Motorhaube. Ab März 1955 hatte der Motor 30 PS. 1959 kamen eine verstärkte Kurbelwelle und ein überarbeiteter Steuertrieb, später auch ein neues Kurbelgehäuse mit angeschraubtem statt angegossenem Lichtmaschinenträger zum Einsatz. Es entsprach dem des ab Juni 1960 (auch im Käfer) eingebauten 34-PS-Motors. Bis in die 1960er Jahre hinein hatte der Bulli noch Winker (in den USA schon seit 1955 nicht mehr), und eine Tankanzeige wurde auch erst in den 1960er Jahren eingeführt.

Mit den Camping-Umbauten wurde der Bulli salonfähig. Zum Modelljahr 1964 (ab August 1963) wurde das Rückfenster deutlich breiter, und es war ein 1,5-Liter-Motor mit 42 PS erhältlich (ab Januar für die USA, ab Modelljahr 1964 in allen Ausführungen), im August 1966 kam endlich die Umstellung auf die 12-Volt-Anlage. Das alles erhöhte den Praxiswert des Bulli deutlich. Wer ein rostfreies Exemplar sucht, sollte Fahrzeuge aus dem Südwesten der USA bevorzugen. Ein Kastenwagen mit besterhaltenem Zustand wird für ca. 30.000 Euro gehandelt, die Camping-Ausführungen sind meistens teurer.

Der Campingbus ist in der Regel immer die teuerste Variante.

Ganz früher T1 mit großer Motorhaube, er wurde bis März 1955 gebaut.

T1 aus den 1960er Jahren mit größerem Rückfenster.

August 1967 bis Juli 1979: T2

Zum Modelljahr 1967 erfolgte der Wechsel auf den technisch wie optisch grundlegend überarbeiten Nachfolger „T2“. Zwar blieb der luftgekühlte Heckmotor erhalten, aber nicht nur das Fahrwerk (jetzt mit Schräglenker-Hinterachse anstelle der archaischen Pendelachse mit Vor-

Früher T2 mit rundlichen Stoßstangen und integrierter Einstiegstufe.

gelegen) war ein Quantensprung nach vorn, auch die Fahrersitzposition und das gesamte Interieur waren nun komfortabler und moderner geraten. Im August 1972 (Modelljahr 1973) erfuhr auch der T2 eine umfassende (vor allem optische) Erneuerung. Immer größere Motoren halfen ihm, den Anschluss an den Wettbewerb zu halten (und lassen ihn heute im Verkehr mitschwimmen). Anfangs bot VW den 1584-ccm-Motor mit 47 PS und 104 km/h Höchstgeschwindigkeit an. 1970 wurde der Motor mit einem zweiteiligen Ansaugkrümmer und 50 PS überarbeitet. Für die meisten Modelle (außer den US-Exporten) blieb dieser Motor bis zur Einstellung des T2 im Programm.
Im August 1971 kam ein 1,7-Liter-Flachmotor mit 66 PS und Zweivergaser-Anlage hinzu, der den Bulli 122 km/h schnell machte. Ab August 1973 brachte der 1800er zwei zusätzliche Pferdestärken, ab

Ab 1973 waren die Stoßstangen robuster und die Blinker höher gerückt.

Ab 1976 gab es den Zweiliter – und endlich ansprechende Fahrleistungen!

August 1975 wuchs der Hubraum des Spitzenmodells auf zwei Liter, die Leistung stieg auf 70 PS. Für die USA wurde ab Einführung des 1,8-Liters eine Einspritzanlage verwendet. Die Zweivergaseranlage und die Einspritzanlage sind nicht leicht zu warten.

Der Zweiliter wird wegen seiner überlegenen Fahrleistungen heute zu Recht höher gehandelt als der schmalbrüstige 1600er. Die Karosserieveränderungen (größere Blinker und Stoßstangen, kleineres VW-Logo am Bug, allesamt Teil des Facelifts von 1972) spielen preislich keine entscheidende Rolle. Ab August 1970 gab es vorn Scheiben- statt Trommelbremsen, die von den meisten Kunden bevorzugt werden. Für die Automatik wird ein Abschlag einzukalkulieren sein, besonders bei perfekt restaurierten Fahrzeugen, die als Schaltversion je nach Modell für zwischen 17.000 und 23.000 Euro angeboten werden Für eines der seltenen Doppelkabinen-Modelle, die so genannten Dokas, werden bis zu 25.000 Euro gezahlt.

Luftgekühlter T3 mit 1,6 oder 2,0 Litern (1979 bis 1982).

Frühere deutsche Einsatzfahrzeuge sind meist in gutem Zustand.

1989er T3 Syncro mit Doppelkabine und Pritsche.

August 1979 bis Juli 1990: T3 (einzelne Syncro-Modelle bis 1992)

Die Modellreihe T3 ist sicher der am schwierigsten zu bewertende Bulli, weil er oft noch nur als alter VW angesehen wird. Der luftgekühlte 1600er (trotz schwacher Leistung nochmals aufgewärmt und mit komplizierter, anfälliger Auspuffanlage versehen) und der kräftigere Zweiliter werden höher bewertet als die wassergekühlten Fahrzeuge, die sie im September 1982 ablösten.

Bereits im Januar 1981 kamen die ersten Diesel-Aggregate in den Bulli. Zunächst war es der 1,6-l-Saugdiesel mit 50 PS, der direkt aus Golf & Co übernommen wurde. Er zeichnete sich vor allem durch hohe Wirtschaftlichkeit aus. später gab es ihn mit 1,7 Liter Hubraum und 57 PS. Temperament hielt erst mit dem 70-PS-Turbodiesel (ab 1984) Einzug. Syncro-Modelle sind technisch interessant, aber im Ernstfall schwer zu reparieren. Ein Campingbus von 1991 mit 2,1-Liter-Einspritzmotor kann recht wertvoll sein, aber bei einem 1987er Transporter-Kastenwagen ist das ganz anders und wird sich auch so bald nicht ändern. Für gut erhaltene Exemplare muss man ca. 10.000 Euro investieren.

5 Vor der ersten Inaugenscheinnahme

Im Folgenden geben wir Ihnen ein paar Tipps zu den Fakten, die geklärt werden sollten, bevor Sie sich auf den Weg zu einem potenziellen Kaufobjekt machen. Einiges erscheint vielleicht selbstverständlich. Aber allzu häufig vergisst man genau diese Dinge in der Aufregung, womöglich ein Schnäppchen im Internet oder im Anzeigenteil einer Oldtimer-Zeitschrift gefunden zu haben. Als erste Regel gilt, sich zunächst einen Überblick über marktübliche Preise zu verschaffen. Dabei helfen Fachmagazine (z.B. *Oldtimer Markt*) oder jährlich erscheinende Markt-Führer (z.B. *Oldtimer Katalog*, erscheint im HEEL Verlag). Wenn Sie dann noch die folgenden Ratschläge befolgen, werden Sie zumindest nicht bei der ersten Besichtigung eines Bullis Ihrer Wahl enttäuscht sein.
Bevor Sie also eine lange Anreise in Kauf nehmen, sollten Sie sich einige wichtige Fragen zurecht legen, um diese Punkte bei einem Telefonat mit dem Anbieter zu klären.

Wo steht der Bulli?

Wollen Sie für eine Besichtigung eine weitere Anreise in Kauf nehmen, gar im Ausland kaufen? Ein Bulli in der Nähe, auch wenn er nicht interessant erscheint, kann Sie ohne größere Umstände mit dem Modell näher vertraut machen. Besichtigen Sie ihn also – am Ende steht er vielleicht besser da als beschrieben.

Händler oder Privatanbieter?

Versuchen Sie möglichst früh herauszufinden, ob ein Privatmann oder Händler den Bulli anbietet. Der Privatmann wird die Geschichte seines Fahrzeugs kennen, scheuen Sie also keine Fragen. Ein Händler wird sich weniger mit dem Lebenslauf des angeboteten Fahrzeugs auskennen, sollte aber über einige Unterlagen verfügen. Wenn es sich nicht um einen der (auf dem Papier) üblichen Kommissionsverkäufe (für den Letztbesitzer) handelt, erwachsen dem Käufer seit einigen Jahren sogar Gewährleistungsansprüche durch den Kauf. Da diese für den gewerblichen Anbieter in der Regel kaum zumutbare Risiken bedeuten, werden die meisten Verkäufe als so genannte „Kommissionsverkäufe" von Privat abgewickelt. Gewährleistungsansprüche sind hier schwieriger durchzusetzen, Mängelrügen haben eigentlich nur bei arglistiger Täuschung Erfolg.

Kosten der Überführung

Wer nicht das Glück hat, auf einen Anhänger bzw. ein Überführungskennzeichen zugreifen zu können, sollte sich bereits vor dem Kauf über die Kosten des Transports im Klaren sein. Wenn das Fahrzeug noch zugelassen ist und einen gültigen HU-Nachweis hat, kann man sich mit dem Verkäufer möglicherweise auf die Überführung vor der Abmeldung einigen. Oder man lässt sich die Papiere schicken und reist mit neuem Kennzeichen zum Abholen.

Besichtigung – wann und wo

Man sollte das Fahrzeug möglichst beim Verkäufer oder an dessen Arbeitsstelle besichtigen. Beim Privatverkauf sollten die Unterlagen dessen Namen und Anschrift tragen. Besichtigen Sie das Auto unbedingt im Hellen, möglichst nicht bei Regen. Im Dunkeln oder im Regen übersieht man zu leicht kleinere Mängel. Sehr hilfreich ist, wenn zur Besichtigung eine Hebebühne aufgesucht werden kann.

Verkaufsgrund
Ein VW Bus ist ein Liebhaberfahrzeug. Also muss die Frage gestellt werden, warum der jetzige Besitzer das Auto überhaupt verkauft. Eine wenig schlüssige Antwort auf diese Frage sollte ebenso misstrauisch machen, wie ein vom letzten Eintrag im Fahrzeugbrief abweichender Verkäufer. Wenn sich das noch feststellen lässt, kann auch die Anzahl der Vorbesitzer – und möglicherweise häufige Wechsel in letzter Zeit – ein Alarmsignal sein.

Fahrzeugzustand
Erkundigen Sie sich schon am Telefon vor der Besichtigung nach einer aufrichtigen Beschreibung des Fahrzeugzustands. Fragen Sie genau nach einigen in Kapitel 7 angesprochenen Dingen.

Alles im Originalzustand?
Ein Bulli im Originalzustand ist immer wertvoller als ein „verbasteltes" Exemplar, aber heutzutage sind manche Umbauten – gerade im Campingbereich – wirklich professionell und geschmackvoll. Wer nicht unbedingt an Schönheitswettbewerben teilnehmen, sondern Campingreisen unternehmen will, den stört der Mangel an Originalität kaum, sofern die Umbauten den geplanten Zwecken dienlich sind.

Eigentumsnachweis
Entsprechen Chassis- und Motornummer sowie das Kennzeichen den Zulassungsdokumenten? Ist der Name des Verkäufers in den Zulassungsdokumenten angegeben? Ist das Fahrzeug überhaupt zugelassen und vom TÜV abgenommen? Ist es in die richtige Schadstoffklasse eingestuft? Es sollte selbstverständlich sein, aber Kontrolle ist immer besser als Nachsicht. Fragen Sie deswegen den Verkäufer vorab, ob der angebotene Bus frei von den Ansprüchen Dritter (z. B. einer Bank) ist. Überprüfen Sie im Zweifelsfall auch, ob das Auto legal verkauft wird. Mit Hilfe der Fahrgestellnummer kann über die Zulassungsstelle bzw. Polizei angefragt werden, ob das Fahrzeug als gestohlen gemeldet ist.

Versicherung
Prüfen Sie bei Ihrer Versicherung, ob die Überführungsfahrt durch Sie im Versicherungsschutz enthalten ist. Langfristig sollten Sie eine Oldtimer-Versicherung wählen (bei späten T3 wird es nicht leicht sein, eine zu finden). Es gibt dort zwar keinen Schadenfreiheitsrabatt, aber die Preise sind günstig und der Versicherungswert wird von vornherein festgelegt.

Wie wird bezahlt?
Wegen der Bearbeitungsdauer des Schecks wird der Verkäufer auf Barzahlung bestehen. Ein bankbestätigter Scheck ist jedoch ebenso sicher wie Bargeld. Sprechen Sie also mit Ihrer Bank über die zu beachtenden Formalitäten.

Kaufen auf einer Versteigerung?
Wenn Sie sich mit diesem Gedanken tragen, lesen Sie Kapitel 10 für entsprechende Tipps. Wir müssen hoffentlich nicht darauf hinweisen, dass man ein Auto nicht im Internet ersteigern sollte, wenn man es sich nicht vorher angeschaut hat.

Professionelle Überprüfung des Fahrzeuges

Wenn Sie selbst – oder ein Bekannter – nicht das Fachwissen haben, sollten Sie sich professionellen Rat für die Besichtigung holen. Gegen eine Gebühr kontrollieren z. B. TÜV, Dekra, ADAC oder auch eine beliebige Werkstatt jedes Auto.

Ein Scheunenfund in unrestauriertem Originalzustand kann viel Arbeit bedeuten. Bevor man sich auf eine Restaurierung einlässt, sollte man genau klären, ob man genügend Platz und Zeit für ein solches Projekt hat, das in der Regel immer mehr kostet als man veranschlagt hat.

6 Inspektionsausrüstung

- **Dieses Buch**
- **Lesebrille (falls Sie eine benötigen)**
- **Magnet (ein schwacher reicht aus)**
- **Taschenlampe**
- **Kleiner Schraubendreher**
- **Mechanikeroverall**
- **Digitalkamera**
- **Einen Freund, möglichst einen mit Fachwissen**

Bevor Sie sich auf den Weg zu einer Probefahrt machen, sollten Sie eine kleine Ausrüstung zusammenstellen, die bei der Besichtigung hilfreich sein wird. Haben Sie keine Scheu, den anvisierten VW Bus gründlich zu untersuchen. Der Verkäufer soll ruhig sehen, dass Sie vorbereitet sind.

Vielleicht das wichtigste Hilfsmittel ist dieses Buch und die darin enthaltenen Checklisten. Vergessen Sie auf keinen Fall Ihre Lesebrille, sofern Sie eine benötigen, um etwas aus nächster Nähe zu inspizieren.

Ein Magnet entlarvt jeden Blender, dessen Karosserie zu weiten Teilen aus Spachtelmasse besteht. Nur wo blankes Blech unter dem Lack liegt, bleibt der Magnet haften. (Vorsicht! Bei diesem Test nicht den Lack zerkratzen.) Dazu sollten Sie zunächst den jetzigen Besitzer nach reparierten Schäden fragen. Zumindest eine dünne Schicht Füllspachtel gehört nun einmal zu den meisten Karosseriereparaturen, auch einer professionellen. Das Fahrzeug sollte allerdings nur kleinflächige Spachtelungen aufweisen. Große Schäden werden vom Profi durch eingeschweißte Bleche behoben. Es spricht nichts gegen eine professionell ausgeführte Restaurierung. Allerdings sollte der Verkäufer mit offenen Karten spielen und diesen Umstand nicht verheimlichen.

Eine Taschenlampe bringt Licht in alle dunklen Bereiche eines Autos, und davon gibt's eine ganze Menge: Radhäuser, Fahrwerk, Unterboden, Motorraum und der Raum unter dem Armaturenbrett, um nur einige zu nennen.

Testen Sie mit einem kleinen Schraubenzieher – aber vorsichtig! – verdächtig aussehende Bereiche des Unterbodens und der Karosserie um die Radhäuser herum. Auf diese Weise lassen sich möglicherweise unter dem Unterbodenschutz verborgene Durchrostungen finden. Wenn der Verkäufer Sie von dieser Untersuchung abhalten will, sollten Sie die Besichtigung abbrechen. Mit hoher Wahrscheinlichkeit wird nämlich der Prüfer bei der nächsten HU genau auf diese Weise kritische Stellen kontrollieren.

Speziell wenn keine Möglichkeit besteht, das Auto auf eine Hebebühne zu fahren, sollten Sie sich darauf vorbereiten, sich auf den Boden zu legen. Nehmen Sie deshalb einen Mechanikeroverall mit, den Sie über die normale Kleidung ziehen können. Genau in diesem Fall ist auch ein kleiner Spiegel hilfreich, der entweder auf einer kleinen Teleskopstange oder am Ende eines Stocks befestigt ist. Mit seiner Hilfe können Sie unter dem Auto – oder im Motorraum – Bereiche von Fahrwerk und Auspuff kontrollieren, die vor einem Blick verborgen sind.

Fotografieren Sie Teile bzw. Fahrzeugkomponenten, bei denen Sie sich nicht sicher sind. So können Sie später in aller Ruhe in Büchern oder bei Experten zusätzlichen Rat einholen. Überhaupt ist es ratsam, einen Freund zur Probefahrt mitzunehmen, idealerweise einen mit Mechanikerkenntnissen. Eine zweite Meinung – die mangels eigenem Interesse vielleicht sogar objektiver ist als Ihre eigene – ist bei einem Autokauf nie schädlich.

7 15-Minuten-Prüfung

Heben Sie die Fußmatten zwischen Tür und Sitz an, um Rost zu suchen.

Rost auf der hinteren Seite des Radkastens deutet auf Probleme an den Schwellern und am Wagenboden hin.

Wenn von der Batterie her der Rost bereits durch das Außenblech hindurchgeschlagen ist, wird das Batterieblech nicht mehr zu retten sein.

Kaufen Sie nie den ersten Bulli, den Sie sehen. Nehmen Sie sich Zeit, und beherzigen Sie die Ratschläge in diesem Buch. Karosserie und Lack sind bei der Restaurierung die teuersten Posten. Fragen Sie sich also vorher, welche Arbeiten Sie sich selbst zutrauen und welche nicht. Wenn Sie dann den Bulli glänzend vor dem Haus des Verkäufers sehen, bedenken Sie, was Sie gerade gelesen haben!

Bei allen Bullis sind die vorderen Radkästen und Einstiegsstufen am meisten rostgefährdet. Öffnen Sie die Türen und schauen sich besonders diesen Bereich genau an. Heben Sie dabei den Bodenbelag zwischen Sitzen und Türen an. Auch das hintere Ende der vorderen Radhäuser will genau inspiziert sein. Finden Sie ein flaches Blechstück ohne Abkantungen zu den Innenkotflügeln hin vor, so ist hier bereits nachgearbeitet worden.

Die Batterie befindet sich rechts im Motorraum von T1, T2 und T3 Diesel, sodass Rost auf dem Batterieblech meist schon auf die Karosserie-Außenseite durchgeschlagen hat. Bei den T3-Benzinern ist sie unter dem Beifahrersitz untergebracht, wo man ebenfalls nach Rost suchen sollte. Zusätzliche Batterien findet man oft unter dem Fahrersitz von T3-Campingbussen.

Die Schweißnaht des Radkastens zeichnet sich oft durch eine Reihe Rostblasen außen auf dem Karosserieblech ab. Auch die Karosseriebleche rund um den Motor sind gefährdet.

Die Windschutzscheibenunterkante ist beim T2 so ausgeführt, dass sich Wasser unter der Dichtung sammeln und Rost verursachen kann. Das Frontblech sollte man stets nach über bloße Steinschlagschäden hinaus gehende Beschädigungen absuchen. Beim T3 sind die Karosserienähte an den Seitenwänden besonders rostgefährdet und dauerhafte Reparaturen schwierig, da es sich hier um Spaltkorrosion in den Fugen handelt, wo Korrosionsschutzmittel kaum hingelangen können. Der Plattformrahmen ist recht robust ausgeführt, jedoch rosten die Ausleger gern an den äußeren Enden. Ab 1973 wurde eine Abdeckung eingebaut, die diese Träger verdeckt und so die Korrosion vermeiden hilft. Sind diese selbst aber verrottet, sind tiefer liegende Probleme bis hin zu den Innenschwellern zu vermuten.

Die Achskörper der Drehstab-Vorderachsen beim T2 neigen zum Rosten, müssen also sorgfältig überprüft werden, besonders wo die äußeren Ausleger die Rohre erreichen. Mit rostigen Achskörpern kommen Sie nicht durch den TÜV.

Die Linie der Schweißnaht vom Radkasten zeichnet sich manchmal außen durch Rost ab.

Innenraum

Angesichts der drei unterschiedlichen Baureihen kann hier nur ein grober Überblick versucht werden. Rissige, fleckige oder allgemein verschlissene Sitzbezüge zu ersetzen, wird umso teurer, je älter das Fahrzeug ist. Für die meisten T1 und T2 gibt es Ersatz; beim T3 könnte der Weg zum Autoverwerter Kosten sparen. Den rissigen oder verrotteten Dachhimmel auszutauschen, erfordert einen Fachmann oder viel geduldige und geschickte Eigenarbeit. Je einfacher Ihr Bulli ausgestattet ist, umso mehr nacktes Blech wird man vorfinden.

Anbauteile, Schalter, Hebel und Knöpfe sind von

Wasser kann sich unter dem Windschutzscheibengummi sammeln und Rost auf dem Frontblech hervorrufen.

Die Vinylsitzbezüge werden mit der Zeit spröde und rissig. Ersatz ist umso teurer, je älter das Fahrzeug ist.

Die Karosserienähte des T3 neigen besonders im Bereich des Tankstutzens zum Rosten.

Einrichtungen hinter den Vordersitzen verdecken oft Rost im Bereich Radhaus/Wagenboden.

umso besserer Qualität, je älter die Fahrzeuge sind. Achten Sie beim T3 auf Zubehör, das nicht ordentlich befestigt ist. Achten Sie bei der Armaturentafel auf Durchbohrungen und Löcher für Radioeinbauten und anderes Zubehör. Diese wieder verschwinden zu lassen, kostet einiges an Arbeit.
Möbel und Herdeinbauten direkt hinter den Sitzen verbergen oft Rost, der als kleines Loch im senkrechten Blech hinter dem Radhaus beginnt.
Heben Sie die Gummimatten hoch und schauen Sie nach Wasserflecken auf den Teppichen. Bei solchen Spuren könnte der Rost bereits zugeschlagen haben. Wenn es nicht ein seltenes Modell ist, handeln Sie einen deutlichen Abschlag heraus, oder verzichten Sie auf den Kauf. Gehen Sie den Dingen auf jeden Fall näher auf den Grund.

Mechanik

Die meisten Radaufhängungsteile sind leicht zu beschaffen und einzubauen, ausgenommen Teile für die ältesten T1, wo die Lagerbestände knapp werden. Die Spurstange aus den 1950er Jahren mit Schmiernippeln an den Gelenken beispielsweise ist kaum noch zu finden. Auch die Vorderachskörper sind rar und teuer, weil sie am oberen Stoßdämpferaufnahmepunkt gerne rosten. Am ehesten findet man noch gebrauchte Exemplare aus Schlachtfahrzeugen. Suchen Sie hier also besonders sorgfältig nach Rostspuren.
Der nächste Blick sollte der Motorverblechung und den Kühlluftführungen von T1 und T2 gelten. Kann man irgendwo Löcher in diesen schwarzen Blechen entdecken? Die Dichtgummis dort, wo Leitungen und Röhren durch das Blech hindurchgeführt sind, sind als Schutz vor Überhitzung unverzichtbar. Fehlen sie, so saugt das Kühlgebläse heiße Luft aus dem Auspuffbereich an, was die Kühlleistung naturgemäß herabsetzt. Beim T2 befindet sich Schaumstoff zwischen Blech und Motor, der gern zerbröselt und vom Kühlgebläse angesaugt wird, wo er zu Motorschäden durch Überhitzung führen kann.
Bullis ab 1963 haben Heizluftkanäle aus schwarzen „Zieharmonikaröhren" (bisweilen wurden diese durch Aluröhren ersetzt). Manchmal fehlen sie ganz, was die Motorkühlung ebenfalls empfindlich beeinträchtigt – ebenso wie die Vorheizröhre, die den Vergaser mit warmer Luft versorgt. Dies sollte die dritte sichtbare Röhre sein, angeschlossen an ein Metallrohr unter den hinteren Leitungen neben der Auspuffanlage. Manche Busse der späten sechziger Jahre haben engere Röhren, die manchmal durch die Platte vorn im Motorraum zum Radiator führen.

T1-Motorraum mit herausnehmbarer Heckschürze.

Sind die Gummidichtungen um die Kerzenstecker, wo sie im Zylinderkopf stecken, vorhanden und sind sie luftdicht? Sie werden nach einiger Zeit durch die Hitze stets spröde. Fehlen sie oder sind sie beschädigt, so geht auch hier Kühlluft verloren.

Bei abgestelltem Motor und abgezogenem Zündschlüssel versuchen Sie, die Riemenscheibe für das Kühlgebläse kräftig vor- und zurückzubewegen. Kann sie sichtbar bewegt werden, so ist der Motor infolge eines verschlissenem vorderen Hauptlagers (vorgeschriebenes Spiel: 0,01 mm) kurz vor dem Ende.

Als Nächstes suchen Sie nach Ölaustritten. Leichte „Schwitzfeuchtigkeit" oder ein Tröpfchen an einem Bolzen der Filterplatte macht nichts aus, aber größere Mengen Öls, die – höher aus dem Motor austretend – von den Kühlrippen heruntertropfen, deuten auf baldige, teure Reparaturen hin. Dann können beispielsweise der Ölkühler oder die Zylinderfüße oder die Stößelschutzrohre undicht sein.

Der Motor sollte gleich nach dem Start in einen ruhigen, gleichmäßigen Leerlauf übergehen, ohne zu rauchen. Ab Juni 1960 wurde ein automatischer Choke eingebaut, der sich nach zwei oder drei Minuten abstellt. Der Motor sollte dann am Laufen bleiben. Späte T2 mit arg verschlissenem Vergaser oder undichten Verbindungen an den dreiteiligen Saugrohren können absterben oder sich schütteln, bis der Motor durch und durch warmgelaufen ist.

Sind Klopfgeräusche zu hören, wenn der Motor hochdreht, so könnte dies auf verschiedene Ursachen hindeuten, die alle später Schwierigkeiten hervorrufen. Ignorieren Sie leicht klappernde Ventile, etwas lockere Ventile sind beim VW-Motor besser als zu stramm eingestellte. Die Geräusche korrekt zu deuten, verlangt allerdings nach etwas Erfahrung.

T3-Motoren haben Hydrostößel, die sich bei der 1600er CT-Reihe durch geräuschvolles „Ticken" bemerkbar machen können, das manchmal erst mehrere Minuten nach dem Anlassen verschwindet.

Relativ selten zu finden sind gut erhaltene Exemplare des bis 1992 bei der Steyr Daimler Puch AG in Österreich gefertigten T3 Syncro. Häufig sind die Allradler noch heute im gewerblichen Einsatz unterwegs und weisen entsprechende Gebrauchsspuren auf.

8 Problemstellen

Alle Bullis sind im Kabinenbereich besonders korrosionsgefährdet. Suchen Sie Roststellen an den Türunterkanten, den hinteren Radläufen und den Nähten des T3. Prüfen Sie die Fensterdichtungen, Radhäuser und hier vor allem die Bereiche, die besonders von Spritzwasser betroffen sind sowie beim T3 auch den Bereich um den Tankstutzen. Achten Sie bei Campingbussen auf verschlissenen Stoff am hochstellbaren Dach.

Stellen Sie sicher, dass im Motorraum keine Leitungen, Röhren, Tüllen und Gummidichtungen fehlen. Die metallenen Kühlwasserleitungen der wassergekühlten T3-Modelle, die das Wasser bis zum Kühler hinter der Frontschürze führen, können durchrosten. Suchen Sie überall im Motorraum nach größeren Mengen versprühten Öls. Achten Sie besonders auf die Verkabelung.

Fleckige, rissige oder verschmutzte Sitzbezüge und Dachhimmel sowie verschlissene Gummimatten sind teils schwierig zu beschaffen oder ziehen kostpielige Sattlerarbeiten nach sich. Ist es unter den Teppichen feucht? Wie verhält es sich im Innenraum des Campingbusses? Die Batterie der T3-Benziner befindet sich unter den Vordersitzen.

Prüfen Sie die Motorhaubenscharniere bei allen T1 ab 1955 und sämtlichen T2. Alle Bullis ab 1973 neigen zu Rost an der verschweißten Heckschürze. Schauen Sie bei allen luftgekühlten Modellen, ob der Auspuff oder die Wärmetauscher verrottet sind.

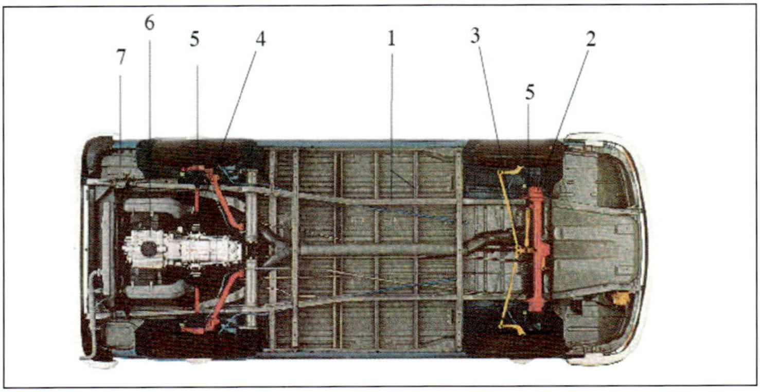

Prüfen Sie alle angezeigten Punkte:
1 Plattformrahmen und Ausleger,
2 Drehstäbe und Achsschenkel bei T1 und T2,
3 Lenkung,
4 Achsgelenke und -Manschetten sowie (nur beim T1) Untersetzungsgehäuse,
5 Stoßdämpfer und (nur beim T3) Schraubenfedern,
6 Ölverlust am Motor,
7 Batterieblech der meisten Modelle

9 Realistische Bewertung

Vergeben Sie in den entsprechenden Kategorien je nach Zustand die entsprechende Punktzahl (1–4), während Sie den Roller untersuchen. Dabei bedeutet:
++ (4 Punkte) perfekter Zustand
+ (3 Punkte) nahezu perfekter Zustand
o (2 Punkte) restaurierungs- bzw. reparaturbedürftiger Zustand
– (1 Punkt) schwere Mängel

Die Auswertung der Gesamtpunktzahl wird am Ende des Kapitels erklärt. Seien Sie bei der Beurteilung realistisch!

Karosserie

Lack

++ + o –
4 3 2 1

Bei älteren Bullis als dem T3 wird man kaum noch Originallackierungen vorfinden. Für Schönheitswettbewerbe spielt eine gute Lackierung in einer zum Baujahr passenden Farbe eine wichtige Rolle. Mit Glück finden Sie einen schwarz beschrifteten, silbernen Aufkleber, der Name und Code der Farbe verrät. Nicht originalgetreue Lackierung bringt im Wettbewerb einen Punktabzug. Für Campingfreunde wird die gute Lackqualität wichtiger sein als die Originalfarbe, obgleich ein rosafarbener T1 nicht leicht verkäuflich sein dürfte!

Bei Nachlackierungen halten Sie Ausschau nach „Orangenhaut" und Nasen. Wirkt der Lack matt, obwohl offensichtlich kürzlich noch poliert wurde? Dies alles wären Zeichen für eine nicht sehr sorgfältige Lackierarbeit.

Hüten Sie sich vor frisch lackierten Bullis, denn unter der glänzenden Decke mag manche böse Überraschung lauern, die nur billig übertüncht ist. Hier kann der Magnet sehr nützlich sein. Wird er nicht durch Metall angezogen, so wird unter dem glänzenden Lack eine Kunststoff- und Füllerschicht kaschiert sein.

Ein Bus mit verblasster Lackierung, der aber dennoch ordentlich wirkt, könnte da der lohnendere Kauf sein. Es ist unglaublich, welche Wunder Lackreiniger und Politur vollbringen können.

Bleche

++ + o –
4 3 2 1

Das Dach des Bullis ist meist in Ordnung. Prüfen Sie jedoch die Naht für die Regenrinnen, wo sich der Oberflächenrost einnisten kann, und die Regenrinnen selbst natürlich auch.

Um die Seitenscheiben herum findet man selten Rost, am ehesten noch beim T3.

Schwachpunkt der Türen ist die Unterkante. Sind die Regenabläufe verstopft, so sammelt sich dort das Wasser und bildet Rost. Ist die Tür der einzige Schwachpunkt, so sollte dies nicht vom Kauf abhalten, denn für fast alle Baujahre gibt es preiswerten Ersatz.

Die Bleche um die Seitenscheiben sind anfällig gegen Rost, der sich zuerst unter den Gummidichtungen festsetzt.

Die Türen rosten an der Unterkante, wenn die Abläufe verstopft sind.

Die ungeschützten Motorhaubenscharniere sind rostanfällig.

Die außenliegenden Motorhaubenscharniere von T1 und T2 sind ein weiterer Angriffspunkt für den Rost. Beim T1 mit der großen Motorhaube ist hier ein abgedecktes Klavierscharnier vorgesehen.
Am Heck ist auch das Batterieblech rechts vom Motor zu prüfen, weil es oft von ausgelaufener Batteriesäure angegriffen wurde und dadurch sogar das Eckblech der Karosserie in Mitleidenschaft gezogen sein kann.
Die Heckschürze ist bis Baujahr 1973 abnehmbar, was den Motorausbau erleichtert. Später war die Schürze angeschweißt, die Schweißnaht ist korrosionsgefährdet. Der T3 hat eine Inspektionsklappe hinter dem Nummernschild, durch die Öl- und ggf. Wasserstand geprüft werden können. Diese Klappe lässt sich nur bei offener Heckklappe öffnen. Eine große Öffnung ist bei allen T3-Ausführungen in die Ladefläche eingelassen.
Das Bugblech ist besonders bei T1 und T2 empfindlich für Steinschlag, der rasch Rost ansetzt, wenn er nicht repariert wird. Beim T3 konzentriert sich das Problem auf das waagerechte Blech hinter der Vorderstoßstange, weil Wasser nicht gut von dort abfließen kann.
Die Schweller sind für die Karosseriesteifigkeit und damit für den TÜV nicht unbedeutend und oft infolge eines verrotteten Abschlussblechs zum vorderen Radhaus hin in Mitleidenschaft gezogen. Dadurch werden auch die Bleche des Unterbodens sowie die Innen- und Außenschweller betroffen sein. Besonders die unteren Führungsschienen für die Schiebetüren von T2 und T3 verdienen Aufmerksamkeit, denn bei zu starkem Rostbefall kann die ganze Tür herausfallen.

Eine Roststelle über dem rechten Ende der hinteren Stoßstange rührt vom Batterieblech her.

T2 ab Baujahr 1973 haben eine verschweißte Heckschürze, die an der Verbindung zum Seitenblech rostet.

Beim T3 ist der Motor anders als bei den Vorgängern über eine Inspektionsöffnung hinter dem Nummernschild für Öl und Wasser zugänglich.

Die Motorhaube zwischen den Rückleuchten ist beim T3 dem Pritschenwagen vorbehalten.

Der Pritschenwagen hat einen weiteren Zugang zum Motor in der Ladefläche.

Durchrostungen am hinteren Teil der vorderen Radhäuser können bei der Reparatur viel Geld verschlingen.

Beim T3 sind alle Karosserienähte rostempfindlich, weil das Dichtmittel mit der Zeit versprödet und Wasser hereinlässt.

Vom Blech hinter der T3-Frontstoßstange kann das Wasser nicht ablaufen und verursacht Rostschäden.

Die Schweißnaht des Innenkotflügels zeichnet sich außen durch Rostblasen ab.

T1 und T2 rosten oft am Frontblech – eine Folge von Steinschlagschäden.

Die Seitenbleche von T1 und T2 sind weniger problematisch als beim T3, außer am hinteren Radlauf, wo das Radhaus eingeschweißt ist.

Der T3 neigt an allen Karosserienähten zum Rosten, weil das Karosseriedichtmittel mit der Zeit hart und brüchig wird, sodass Wasser bis zum ungeschützten Metall vordringen kann. Um den Tankstutzen des T3 gleich hinter der Fahrertür rostet das Blech gerne, weil verschütteter Kraftstoff den Lack auslaugt und weil sich rings um den Stutzen Schmutz sammelt, der Feuchtigkeit bindet.

Weitere typische Roststellen

++ + o –
4 3 2 1

Prüfen Sie die vorderen Radläufe, besonders an der Einstiegstufe und unter den Matten neben den Sitzen. Unter diesen Matten findet sich oft auch bei sonst perfekten Exemplaren Rost. Die gesamte vordere Kabine ist rostanfällig, prüfen Sie also die Verbindung zwischen Ladeboden und Frontteil. Prüfen Sie die Achskörper für die Drehstabfedern bei T1 und T2 besonders gründlich, ebenso die vorderen Chassisträger und Radaufhängungspunkte aller Bullis. Kratzen Sie hier gründlich, denn eine

Rund um den Tankstutzen sind die Karosserienähte besonders gefährdet, weil Kraftstoff schützende Politur abwäscht und sich dort Schmutz sammelt.

Einstiegsstufe und Radlauf verdienen besondere Aufmerksamkeit, weil beide korrosionsanfällig sind.

Reparatur der Chassisträger ist teuer und die Drehstabrohre selbst dürfen nicht geschweißt werden. Allgemein sind Reparaturschweißungen am Vorderachskörper nicht zulässig. Wurde der Bulli schon geschweißt, prüfen Sie, ob die Arbeiten vollständig und sorgfältig erledigt wurden. Eine kürzlich aufgebrachte, zementähnliche Beschichtung als Unterbodenschutz ist verdächtig!

++ + o –

Spaltmaße 4 3 2 1

Die Türen hängen oft nach intensivem Gebrauch. Kontrollieren Sie, dass die vorderen Türen dies nicht tun und beim frühen T2 auch nicht an der Einstiegstufe kratzen.

++ + o –

Zierrat 4 3 2 1

Selbst die luxuriösesten Ausführungen von T1 und T2 waren in diesem Punkt zurückhaltend. Chrom fand man bestenfalls an Scheinwerferringen und Türgriffen, ab Mitte der 1970er Jahre ging VW immer mehr zu Kunststoff über. Die eloxierten Samba-Seitenleisten sind recht teuer, die Namensembleme am Heck waren aus dauerhafterem

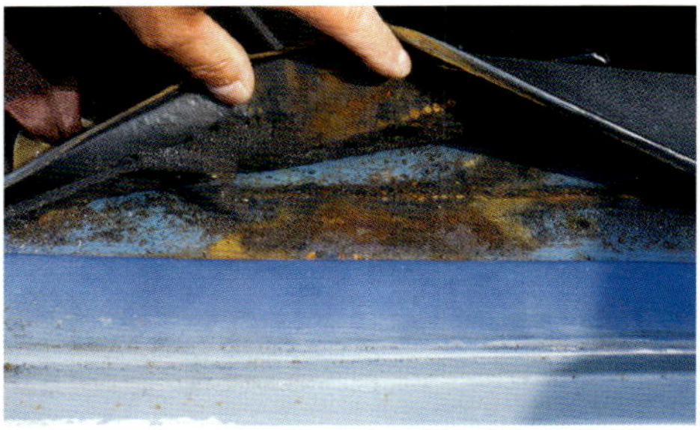

Unter dem Teppich über dem vorderen Radhaus kann sich viel Rost verbergen.

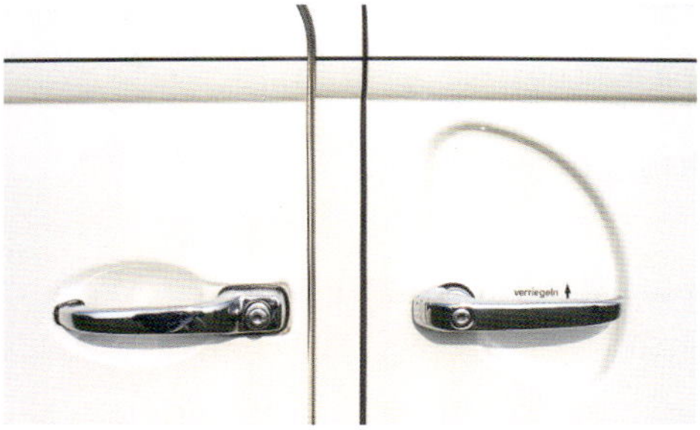

Bulli-Türgriffe aller Baureihen sind sehr robust.

Material. Das VW-Zeichen vorn von T1 und T2 ist, solange nicht verchromt, leicht und preiswert zu ersetzen. Die meist nur lackierten Radkappen sind auch als verchromte Ausführung leicht zu erhalten. Der T3 fällt in eine Zeit verbreiteter Vereinfachung, selbst bessere Ausführungen hatten Kunststoffstoßstangen und -spoiler.

Ersatz für Samba-Zierteile ist teuer, wie auch das verchromte VW-Zeichen.

++ + o –

Scheibenwischer 4 3 2 1

Im Laufe der Jahre kamen einige Varianten an Wischerarmen und -blättern zusammen, bei den frühen T1 kann Ersatz schwierig werden, ansonsten ist die Ersatzbeschaffung hier problemlos.

++ + o –

Schiebe- und Hubdächer 4 3 2 1

Alle zu öffnenden Dächer neigen zu Undichtigkeiten, was Sie prüfen sollten. Dabei ist ein Faltdach des T1-Samba

Der einfache Schlüssel öffnet bei T1 von März 1955 bis August 1965 Kraftstoffklappe und Motorhaube. Für ihn ist eine Halterung in der Kabine vorgesehen.

Die dünnen Wischergummis für den T1 sind teuer und schwieriger zu finden als für T2 und T3, die modernerer Bauart entsprechen.

Faltschiebedächer sind – wenn auch nicht billig – leichter zu reparieren als ein Stahlkurbeldach. Die Plexiglas-Dachscheiben sind eine Spezialität des Samba.

leichter zu reparieren als das Stahlschiebedach des T2. Das Abdichten von Campingbusdächern kann teuer und langwierig werden, ebenso die Suche nach den hierfür benötigten Teilen.

Scheiben

++	+	o	–
4	3	2	1

Sämtliche Scheiben sind leicht zu beschaffen, allerdings ist Ersatz selten erforderlich. Achten Sie aber auf nicht originale Scheiben an Camping-Umbauten. Sind sie verfärbt und matt, könnte Plexiglas verwendet worden sein. Auch die Dachfenster des Samba sind aus Plexiglas, ebenso die hinteren Eckfenster (verwendet bis Modelljahr 1964).

Beleuchtung

++	+	o	–
4	3	2	1

Bis zum Modelljahr 1967 (also ab August 1966) gab es für alle zivilen Bullis nur 6-Volt-Anlagen – Ausnahmen bildeten einige Spezialfahrzeuge, z. B. für Polizei und Feuerwehr, die auch schon früher teilweise mit 12-Volt-Anlagen ausgestattet waren. Blinde oder rostige Reflektoren lässt der TÜV nicht durchgehen, aber Ersatz ist für alle Modelle leicht erhältlich. Beim T2 kann sich unter den Scheinwerfern Rost einnisten.

Von den Rückleuchtengehäusen gibt es viele verschiedene Ausführungen, für die meisten findet sich auf Ausstellungen und Messen Ersatz, wenn er auch manchmal teuer ist. Je moderner der Bulli, desto mehr Kunststoff wurde verwendet. Für den T3 sind gebrauchte Ersatzleuchten immer noch preiswert.

Die spitzen Blinker wurden 1955 für die USA eingeführt, für den Rest der Welt 1960.

Die Hubdächer der Campingbusse neigen zu Undichtigkeiten, besonders gilt dies für die britischen Devon-Modelle.

Die flachen Blinkergläser kamen 1961 für die USA und ab 1963 für den Rest der Welt.

Zwischen 1961 und August 1971 hatten europäische T1 und T2 diese Zweikammer-Rückleuchten mit orangefarbenen Blinkergläsern.

Prüfen Sie, ob die ggf. vorhandenen Winker funktionieren; Ersatz ist teuer. Mancher Liebhaber wird Blinker nachgerüstet haben. Die meisten Concours-Juroren akzeptieren dies, wenn sich die Ausführung einigermaßen ins Gesamtbild fügt.

Reifen und Felgen

Alle Bullis bis Juli 1967 hatten Diagonalreifen, dann bekam der Bus L Gürtelreifen und ab August 1971 auch die anderen Modelle (außer einige 1600er). Heute werden der erheblich höheren Fahrsicherheit wegen fast immer Gürtelreifen gewählt, wenn nicht der Originalitätsgedanke ganz oben steht. Stets wurden die Felgen von fünf Radbolzen gehalten, zunächst wie bei älteren Käfermodellen im „großen" 205-mm-Lochkreis, ab den T2-Modellen mit flachen Radkappen hatten sie einen 112er-Lochkreis. Ab August 1970 waren die Felgen regelmäßig silbern lackiert. Gleichzeitig wurden die Radkappen deutlich flacher. Höherwertig ausgestattete T3-Busse waren ab Werk auch mit Alurädern erhältlich.
Ab August 1970 (Einführung der Scheibenbremse) hatten die Felgen außen einen Lochkranz zur Belüftung.

++	+	o	–
4	3	2	1

Felgenbauart

Die Stahlscheibenräder waren an fünf Bolzen zu befestigen, erste Belüftungsschlitze kamen ab März 1955 (vier breite Schlitze am Rand, die ab August 1963 schmaler wurden). Die Größe verkleinerte sich von 16 Zoll im März 1955 auf 15 Zoll und im August 1963 auf 14 Zoll. Anfangs maßen die Reifen 5.50 x 16, ab März 1955 6.40 x 15, ab August 1963 7.00 x 14. Der T2 bekam die Felgengröße 5J x 14, ab August 1970 5,5J x 14 mit einem Kranz runder Belüftungslöcher außen. Ab Einführung des T2 erhielt der Bus L Gürtelreifen der Größe 185 x 14, ebenso ab August 1970 alle stärker motorisierten Varianten. Die Maße blieben bei Einführung des T3 unverändert.

Beim T1 wurde der Felgendurchmesser zwei Mal verringert. Dieser 1964er hat die kleinsten, nämlich 14-Zoll-Räder. Bis zum frühen T2 blieb man bei stark geschüsselten Radkappen.

Nach Einführung der Scheibenbremsen im August 1970 erhielten die Felgen einen kleineren Lochkreis (5 x 112 mm) sowie Kühlluftöffnungen und flachere Radkappen.

Der Caravelle Carat ab Ende 1983 bekam erstmals Aluräder, der Syncro war ab September 1986 auf Wunsch mit 16-Zoll-Rädern erhältlich. Ab 1987 erhielt der Caravelle 205/70er Reifen, ab September 1989 auch der Caravelle GL.

Prüfen Sie, ob die Bereifung dem Originalmaß entspricht. Falls nicht, muss die Größe in die Fahrzeugpapiere eingetragen sein. Schauen Sie, ob die Reifen beschädigt sind. Ein schadhaftes Felgenhorn lässt auf unliebsamen Kontakt mit einer Bordsteinkante schließen, wobei eventuell auch Radaufhängungsteile beschädigt wurde. Sind die Felgen rostig oder nachlackiert? Bulli-Räder neigen zur Korrosion, und stark angerostete Felgen kann man nur mit Mühe retten. Angekratzte Aluräder sehen immer unschön aus.

Reifen

++ 4 | + 3 | o 2 | – 1

Sind alle Reifen von derselben Marke und dem selben Typ? Bewerten Sie Reifenzustand (Blasen, Risse, Beschädigungen), Verschleiß (Profiltiefe, gleichmäßige oder ungleichmäßige Abnutzung), Alter (mehr als sechs Jahre?) und vorhandene Freigabe für den Bulli. Wie die Felgen müssen auch die Reifen (passend zu den jeweiligen Felgengrößen) zugelassen und in die Fahrzeugpapiere eingetragen sein. Breitere Reifen vermitteln einen strafferen Fahreindruck, sie können allerdings den Kraftstoffverbrauch in die Höhe treiben, und sie kosten Leistung.

Radlager und Lenkung

++ 4 | + 3 | o 2 | – 1

Wenn Sie den Bus vorn sicher aufgebockt haben, drehen Sie die Räder. Die Radlager machen Geräusche, wenn sie verschlissen sind. Um Spiel in den Lagern zu ermitteln, greifen Sie den Reifen oben und unten und bewegen ihn ruckartig hin und her. Stellen Sie Spiel fest, obwohl keine Geräusche zu hören waren, wird es nur an der Einstellung des Lagers liegen, das sich leicht korrigieren lässt. Liegt das Spiel jedoch nicht in den Lagern, kann es teurer werden, weil die Traggelenke der Achsschenkel (T1) oder die Drehlager der Achsstummel (bei späteren Modellen) verschlissen sind. Beim T3 kann es auch an den Aufhängungspunkten der Dreieckslenker liegen. Prüfen Sie, ob die Kugelpfannen der Spurstangen zu viel Spiel haben. Werkstätten prüfen dies mit einem Montiereisen, versichern Sie sich also im Zweifel der Hilfe eines Fachmanns.

Zeigen die Räder geradeaus, drehen Sie das Lenkrad nach rechts oder links. Spätestens nach 2,5 Zentimetern Bewegung des Lenkrades sollten sich die Räder auch bewegen. Ansonsten muss das Spiel im Lenkgetriebe nachgestellt bzw. erneuert werden. Fahrzeuge mit Zahnstangenlenkung dürfen so gut wie kein fühlbares Spiel aufweisen.

Traggelenke und Achsschenkel des Käfers findet man beim T1 fast unverändert wieder.

Achten Sie auf Rost an den Verbindungen der Drehstabfedern des T2 und auf Spiel im Lenkgestänge.

Der T3 hat Schraubenfedern – hält sich das Spiel der Verbindungen und Buchsen in Grenzen?

Innenraum

Sitze

++	+	o	–
4	3	2	1

Anders als manche frühe Käfer mit Stoff-Sitzbezügen hatte der Bus stets Vinyl-Sitzbezüge. Beim Lieferwagen gab es naturgemäß nur vorn Sitze, bis 1963 auch in den luxuriösen Ausführungen nur als nicht verstellbare Sitzbank für drei Personen. Normalerweise wurde grauschwarzes, leicht genarbtes Vinyl verwendet. Beim Kombi waren die Rücksitze etwas üppiger gepolstert, beim Bus in Falten gelegt mit Nähten in den Falten. Im Lauf der Jahre wurden die Sitzbezüge hochwertiger, allerdings kaum bei Kasten- und Pritschenwagen.

Die Vinyl-Sitzbezüge werden mit dem Alter rissig.

Der T3 wurde immer luxuriöser, die Spitzenmodelle erhielten gar Armlehnen. Achten Sie auf verzogene, rissige Bezüge und Brandflecken von Zigaretten.

Das Vinyl wird im Laufe der Jahre zwangsläufig brüchig, besonders die Nähte sind anfällig. Ersatzmaterial ist für jeden Bulli erhältlich, allerdings nicht in jeder Material- und Farbkombination. Beim Umbau zum Campingbus wurde hauptsächlich auf Dachhimmel und Teppiche geachtet. Manche

Der T1 Kombi war ein Purist – keine Türverkleidungen, kein Teppichboden, …

… die Sitze sind mit Flügelmuttern befestigt, und der Boden ist mit zweckmäßigem Gummi belegt.

bezogen jedoch auch die Sitze neu, und mancher Besitzer mag später Stoffsitze gewählt haben. Aus Sicht des Campingfreundes sind intakte Sitzgestelle und Polsterungen wichtiger als der richtige Bezugstoff.
T2 und viele T3 blieben beim praktischen Vinyl, von einfacher Flechtprägung bis hin zu atmungsaktiven Bezügen, die mehrere Farben und Prägungen kombinieren. Obwohl von gleicher Grundkonstruktion, waren die Sitze ab T2 kräftiger und besser ausgeformt als beim T1. Alle Materialien sind recht verschleißarm; dennoch ist im Bedarfsfall Ersatz erhältlich. Spätere luxuriösere T3 hatten Stoffbezüge, vom relativ robusten Tweed bis zu geschmeidigem, aber empfindlicherem Velours. Schauen Sie, ob die Bezüge durch Sonneneinstrahlung beschädigt oder verblasst sind. Luxuriöse Varianten und ab T2 alle für die USA bestimmten Exemplare hatten Kopfstützen – prüfen Sie, ob alle beweglichen Teile funktionieren.

Teppiche

++ + o –
4 3 2 1

Vor dem Caravelle gab es, auch im Fond des Busses, nur Gummimatten auf dem Boden – praktisch und verschleißarm. Ausnahmen waren nur der T1 Samba und der T2 Bus L, die mit etwas Teppich auf der Motorabdeckung ausstaffiert waren. Gummimatten kann man leicht ersetzen, schauen Sie aber unter jeder Matte nach Wasser oder Rost.
Campingfahrzeuge wurden meist mit Teppich ausgeschlagen, jedenfalls im Mittelteil. Beliebt waren auch PVC-Fliesen. Auch hier schauen Sie unter allem Beweglichen, was sich darunter verbirgt. Bei den T3 mit Teppich verhält es sich wie bei den meisten Autos. Im Fußraum vorn mag er mangels Gummimatten verschlissen sein, und Vorsicht ist geboten, wenn Stellen feucht sind oder Wasserränder aufweisen.

T2-Bodenbelag aus Gummi und der ungewöhnliche Handbremshebel unter der Armaturentafel.

Dachhimmel

++ + o –
4 3 2 1

Bei den einfacheren T1 war der Dachhimmel vorn mit Hartfaserplatten verkleidet, im Laderaum gar nicht. Bis September 1964 hatten Bus und Samba einen Stoff-Dachhimmel, der mit den Jahren schwer gelitten haben wird. Ersatz ist verfügbar, aber der Einbau kompliziert. Ab September 1964 wurde stets weißes, perforiertes Vinyl eingesetzt. Mit Erscheinen des T2 gilt das selbst für die Kabinen von Kasten- und Pritschenwagen. Dabei blieb es auch beim T3, wenngleich irgendwann die Perforierung verschwand. Vinyl-Dachhimmel können in unvorsichtigen Händen Falten werfen oder reißen. Wo viel geraucht wurde, sind sie schwer zu reinigen. In Campingwagen findet man die verschiedensten Materialien, selbst Teppich. Suchen Sie nach Wasserflecken, besonders bei Öffnungen im Dach.

Türverkleidungen

++ + o –
4 3 2 1

Von einfachen Faserplatten in der Fahrerkabine bis zu zweifarbigen Vinyl- und Kunststoff-Formteilen

– schauen Sie, ob sie sich verzogen haben. Der Ersatz kann besonders beim frühen T1 schwierig sein, außerdem können wellige Türverkleidungen weitere Probleme verursachen und Anzeichen für Wassereintritt sein.

++ + o –

Türschlösser

4 3 2 1

Mit einem Wort: Robust, aber kein guter Schutz gegen Einbrecher, mit denen man zur damaligen Zeit auch kaum rechnen musste. Die Schlösser wurden im Laufe der Jahre vielfach geändert.

Luxuriöse T1-Varianten hatten zweifarbige Türverkleidungen, passend zur Lackierung. Im Schadensfall ist Ersatz schwierig zu finden.

Die Türverrieglung im T2 kann ein Alptraum sein, wenn sie nicht intakt ist.

++ + o –

Türgriffe

4 3 2 1

Außen bei mangelnder Pflege rostanfällig, aber zum Ende des T2 zog mehr und mehr Kunststoff ein. Innen findet man alles von sorgfältig gefertigten Chrom-Türgriffen bis hin zu einer Reihe Kunststoff-Teile. Egal aus welchem Baujahr, der Bulli präsentiert sich hier meist ohne Schäden; Ersatz ist erhältlich.

++ + o –

Fensterheber

4 3 2 1

Beim T1 haben wir vorne Schiebefenster, sonst Kurbelscheiben mit robustem Mechanismus, jedenfalls bis Kunststoffteile zum Einsatz kamen. Prüfen Sie, ob der Fensterheber ausreichend leichtgängig ist und keine Quietsch- oder Knarrgeräusche verursacht. Ansonsten wird der Mechanismus bereits verschlissen sein und irgendwann den Geist aufgeben. Prüfen Sie auch die Riegel der Ausstellfenster. Die nach VW-Angaben diebstahlsichere, während der T2-Bauzeit eingeführte Ausführung hat sich als reparaturanfälliger erwiesen. Am T3 wird man nur ausnahmsweise drehbare Dreiecksfenster finden.

++ + o –

Lenkrad

4 3 2 1

Alle Bullis haben größere Lenkräder als der Käfer. Bis März 1955 hatten sie drei Speichen, danach zwei. Alle Lenkräder waren schwarz, außer beim Samba, der ein elfenbeinfarbenes Lenkrad hatte. Beim T2 wurde das stets schwarze Zweispeichen-Lenkrad 1977 größer und erhielt breitere Speichen. Das neue Lenkrad des T3 erschien anfangs geschmacklos, auch wenn es weiterhin zwei Speichen hatte und angenehm war im Gebrauch. Außer beim T1 wird das Lenkrad kaum beschädigt sein. Es gibt Firmen, die die Wiederaufarbeitung Ihres alten Elfenbein-Lenkrades übernehmen können und andere bieten Ersatz an.

++ + o –

Armaturenbrett

4 3 2 1

Hier gibt es vier Ausführungen: Bis 1955 mit einem Instrument (außer beim Samba), dann über die gesamte Wagenbreite in Metall, beim T2 in nüchtern-schwarzem Kunststoff, um Spiegelungen zu vermeiden, und ein PKW-ähnlicher Kasten beim T3. Eine Tankanzeige gab es erst ab 1961.

Der T1 hat stets eine Ganzmetall-Armaturentafel, das zweispeichige Lenkrad wurde erst im März 1955 eingeführt.

Der T1 hat einen sehr einfachen Tacho mit nur drei Kontrollleuchten.

Im T2 ist Platz für drei Instrumente und Lenksäulenhebel für Licht und Blinker.

Im T3 mit seinen vielen Kontrollleuchten kommt PKW-Atmosphäre auf.

Zeitgenössisches Zubehör wie Zeituhr und Radios werden extrem teuer gehandelt. Überall wo Vinyl verwendet wurde, kann es durch Sonneneinstrahlung rissig geworden sein. Schauen Sie die zerbrechlicheren Anbauteile aus den 1980er Jahren genauer an. Moderne Audio-Installationen können das Zersägen der Original-Armaturentafel erfordert haben (oder Löcher in den Türverkleidungen).

Handbremse

++ + o –
4 3 2 1

Alle Bullis haben eine Handbremse mit einem Seilzug für jedes Hinterrad. Bei richtiger Einstellung sollte sie nach sieben Zähnen greifen.

Reserveradmulde

++ + o –
4 3 2 1

Beim frühen T1 liegt das Reserverad im Motorraum, mit der Änderung des Hecks und Schaffung einer separaten Motorhaube wanderte es hinter die Sitze in der Kabine. Hier gibt es nur Probleme, wenn das Reserverad nass verstaut wurde. Beim T2 entfernen Sie es aus der Ablage links hinter der Heckklappe und prüfen die Mulde.

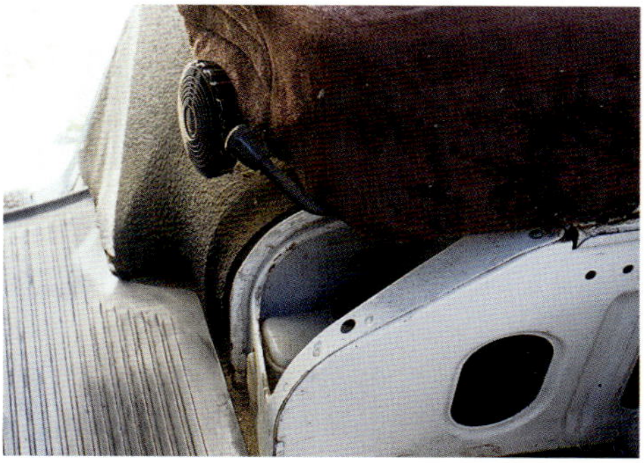

Der T2 versteckt den Hauptbremszylinder unter dem Fahrersitzverstellhebel.

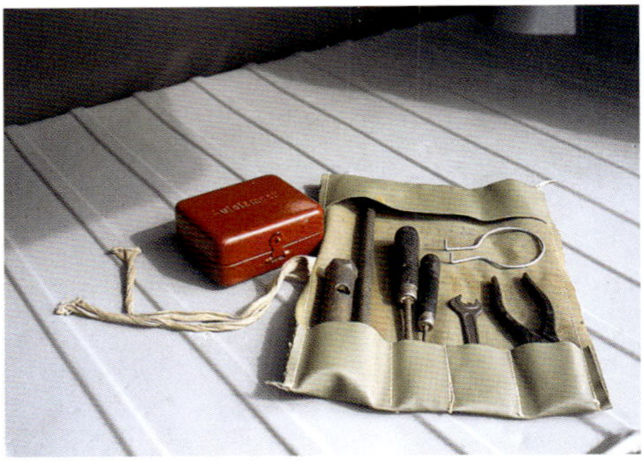

Zweckmäßiger Werkzeugsatz mit Ersatz-Glühlampen aus dem T1.

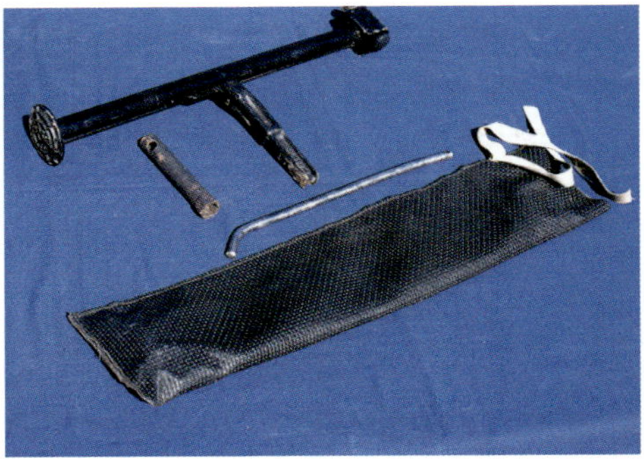

Der T2 bietet Wagenheber und ein wenig Werkzeug in einer Vinylmappe unter dem Beifahrersitz.

Manchmal findet man hier Rost. Beim T3 steckt es in einem Träger unter dem Vorderwagen: Hier sollte geprüft werden, ob dieser sich leicht herunterklappen lässt.

	++	+	o	–
Bordwerkzeug und Wagenheber	4	3	2	1

Das bescheidene Bordwerkzeug des T2 befindet sich in einer Kunstledertasche unter dem linken Vordersitz. Auch wenn vor der Benutzung des Wagenhebers gewarnt wird, sollte er doch für den Notfall vorhanden sein.

Mechanik

	++	+	o	–
Motorraum allgemein	4	3	2	1

Die Motorhaube befindet sich hinten. Sieht es dahinter sauber und aufgeräumt aus? Falls ja, wird es sich wahrscheinlich um ein gepflegtes Exemplar handeln. Ist alles ölverschmutzt mit einem schwarzen Belag auf der Innenseite der Motorhaube, wird er lieblos behandelt worden sein. Eventuell ist ein Kolbenring gebrochen oder ein Kolben durchgebrannt.

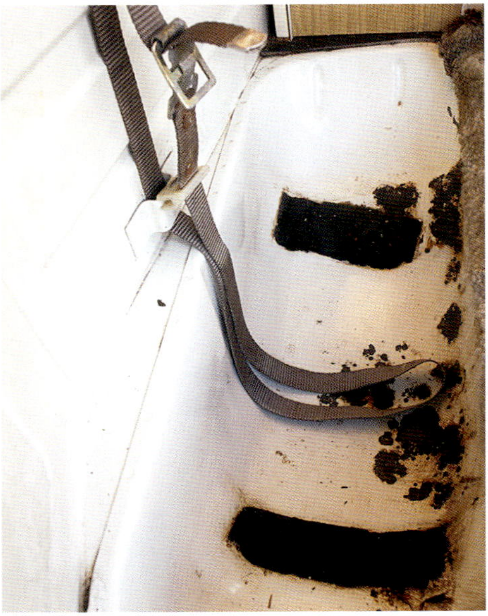

Ein nass hereingestelltes Reserverad sowie minimale Scheuerbewegungen sind für diesen Rost verantwortlich. Mit den Gurten wird das Reserverad fixiert.

Auch wenn Sie dies bei der Schnell-Inspektion schon einmal gemacht haben, ergreifen Sie auf jeden Fall nochmals bei abgestelltem Motor die Riemenscheibe an der Kurbelwelle und stoßen sie vor und zurück. Man sollte kaum eine Bewegung spüren (0,01 mm). Ist mehr Spiel vorhanden, hat die Maschine die besten Tage hinter sich und muss womöglich bald überholt werden.

Ist der Keilriemen für Lichtmaschine und Kühlgebläse passend stramm? Falls nicht, könnte er rutschen und die Kühlleistung beeinträchtigen, was zu Rissen in Zylinderkopf, Kolben und Kolbenringen führen kann. In den letzten Jahren haben viele den Thermostat und die Steuerklappen für die Kühlung ausgebaut in der irrigen Annahme, dadurch die Kühlung zu verbessern. Diese Klappen sind aber so ausgerichtet, dass sie die Kühlluft direkt auf die heißesten Stellen des Motors, die Zylinderköpfe, leiten. Der Thermostat dient lediglich dazu, dass der Motor möglichst rasch die Betriebstemperatur erreicht.

Der 1500er ist der stärkste serienmäßige T1-Motor.

1600er mit neuer Saugrohrkonstruktion, einfach, aber komplexer Vergaser.

Der luftgekühlte Zweiliter des T3 ist robust, aber auch komplizierter.

Schauen Sie unter die rechte Seite des Motors, ob sich der Thermostat dort zwischen Kurbelgehäuse und Wärmetauscher für die Heizung befindet. Vor 1963 muss die Heizung ausgestellt sein, damit die Klappen schließen. Danach handelt es sich um ein zweiteiliges Blech-Bauteil, über dem sich (nur mit der Taschenlampe zu erkennen) der Thermostat befindet.

Bei der Kurzinspektion wurde bereits auf die Bedeutung der Motorraumabdichtung hingewiesen. Um maximale Kühlleistung für den Motorraum und Heizleistung für den Innenraum zu erreichen, müssen die Dichtungen in gutem Zustand sein.

++	+	o	–
4	3	2	1

Fahrgestell- und Motornummern

Aus der Fahrgestellnummer lässt sich das Alter des Bullis ableiten. Bis zur international einheitlichen Identnummer ab 1980 war das System bei VW einfach. Die letzte Nummer der Modelljahre lautete beim T1:

1950: 20-008112
1951: 20-020112
1952: 20-041857
1953: 20-070431
1954: 20-110603
1955: 20-160735
1956: 223 216
1957: 315 209
1958: 416 082
1959: 546 843
1960: 710 069
1961: 882 314
1962: 1 047 967
1963: 1 222 500

Beim T2 ist die Fahrgestellnummer im Motorraum eingeschlagen. Eine Gummidichtung befindet sich rund um den Motor.

1964: 215 082 480 (ab jetzt bezeichnen die ersten beiden Ziffern das Modell – hier 21 für Kastenwagen – und die dritte die Endziffer des Modelljahrgangs, hier 1965)
1965: 216 083 207
1966: 217 079 889
1967 (Ende Juli): 217 148 459

Beim T2 begann man mit jedem Modelljahr (stets 1. August des Vorjahres bis 31. Juli) neu zu zählen; wieder bezeichnet die 21 den Kastenwagen, 22 den Bus, 23 den Kombi, 24 den Bus L und 26 den Pritschenwagen:
1968: 218 000 001 bis 218 202 251
1969: 219 000 001 bis 219 238 131
1970: 210 000 0001 bis 210 2 248 837
1971: 211 2 000 001 bis 211 2 276 560
1972: 212 2 000 001 bis 212 2 246 946
1973: 213 2 000 001 bis 213 2 254 657
1974: 214 2 000 001 bis 214 2 194 943
1975: 215 2 000 001 bis 215 2 155 145
1976: 216 2 000 001 bis 216 2 300 000
1977: 217 2 000 001 bis 217 2 300 000
1978: 218 2 000 001 bis 218 2 300 000
1979: 219 2 000 001 bis 219 2 153 964

Beim T3 kam die international standardisierte Identnummer FIN zum Einsatz. Die ersten drei der 17 Zeichen stehen für den Hersteller, beim Bus „WV2" (Volkswagen Nutzfahrzeuge). Die nächsten drei Ziffern sind Füllzeichen, dann folgen zwei für den Fahrzeugtyp (25). Die neunte Stelle ist wieder durch ein Füllzeichen besetzt, die zehnte durch das Baujahr (1980 ist A, 1981 B etc.). Danach folgt das Werk (z.B. „H" für Hannover) und dann sechs Zählziffern, die in jedem Modelljahr neu bei 000001 beginnen.
Motornummern sind stets in den Motorblock eingeschlagen. Es ist zwar immer noch am wichtigsten, dass die Fahrgestellnummer mit den Angaben in den Papieren übereinstimmt, wenn aber obendrein auch noch die Motornummer stimmt, ist das für ein wichtiges Kriterium für einen lupenreinen Originalzustand. Allerdings ist es nicht ungewöhnlich, dass man in vielen Bussen aufgrund ihrs Alters und der teilweise nicht unerheblichen Laufleistung nicht mehr das originale Triebwerk findet.

Kabelbaum

++ 4 | + 3 | o 2 | – 1

Die meisten Kabel findet man unter der Armaturentafel: Bei frühen T1 ist er sehr übersichtlich, der Sicherungskasten vorn enthält nur vier Sicherungen. Merkwürdig ist die Unterbringung der beiden Scheinwerfersicherungen im Motorraum hinten, gleich neben dem Kraftstofftank. Dort kamen später zwei weitere Sicherungen für das Abblendlicht hinzu. Ersetzt wurde dies Arrangement dann durch einen gemeinsamen Sicherungskasten vorn mit sechs Sicherungen. Zum Ende der T1-Produktionszeit war die Zahl auf 8 gewachsen, im letzten Jahr hatte der T1 endlich eine 12-Volt-Anlage.
Entdecken Sie viele Kabelschuhe mit auffällig roter, blauer oder gelber Schrumpfschlauchisolierung, stellen Sie sich auf Probleme ein, besonders wenn sich ein Rattennest aus Kabeln fahrzeugfremder Farben hinzugesellt. Noch schlimmer wären die als „Scotch-Lock" bezeichneten Kabelverbindungen für den Notfall, die bei längerem Gebrauch Probleme bereiten werden.
Im Motorraum findet man erstaunlich wenige Kabel, deren Isolierung aber durch Hitze und Öl oft

brüchig geworden ist. Besonders gefährdet ist das wichtige Kabel für die Öldruckkontrollleuchte. Bei Bullis ab 1960 prüfen Sie, ob das schwarze Kabel von der Zündspule zum Automatik-Choke vorhanden und in gutem Zustand ist. Bei frühen Bullis befindet sich der Spannungsregler auf der Lichtmaschine im Motorraum, später an der Vorderwand des Motorraums. Die Kabelanschlüsse am Regler müssen fest sitzen und frei von Rost sein. Bei den Drehstrom-Lichtmaschinen der späten T2 und T3 ist der Regler in die Lichtmaschine integriert.

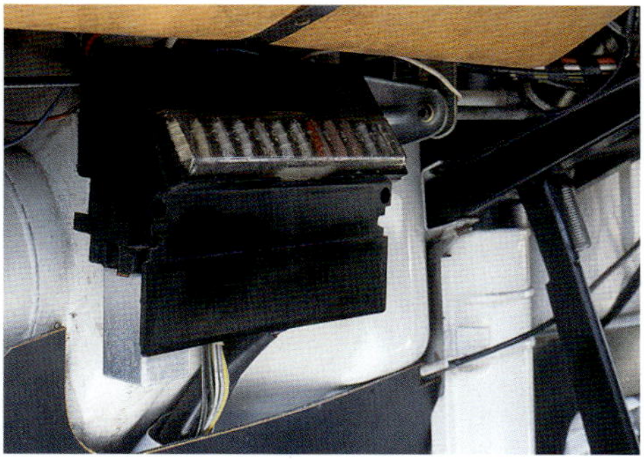

Sicherungskasten und Relais unter der Armaturentafel von T2 und T3.

Der T2 hatte bis 1970 zehn, dann zwölf Sicherungen; der Sicherungskasten befindet sich auf der selbsttragenden Relais-Konsole. Bis 1972 war der Kabelbaum einfach aufgebaut, die Zeichnung im Werkstatthandbuch ist übersichtlich. Dann wurde es komplizierter und unübersichtlicher. Mit dem T3 kamen dann die modernen Mehrfachstecker für mehrere Systeme. Auch wenn die einzelnen Kontakte durchnummeriert sind, um den Stromkreis zu verfolgen, sind sie im Schadensfall für den Laien kompliziert. Wenn man aber nur Platz für Arbeiten an der Karosserie schaffen will, sind sie einfach, weil man nur ein paar Stecker ziehen muss.

Die Batterie des T3 befindet sich unter dem Fahrersitz.

++	+	o	–
4	3	2	1

Batterie

Bei T1, T2 und Diesel-T3 befindet sich die Batterie rechts im Motorraum, sonst unter dem rechten Vordersitz. Sind die Batteriekontakte korrodiert, so wird sie ihre besten Tage hinter sich haben.

++	+	o	–
4	3	2	1

Scheibenwaschanlage

Scheibenwaschanlagen gibt es am Bulli seit August 1960, betätigt über einen Druckknopf auf dem Scheibenwischerhebel. Das Modell 1960 hatte dafür eine Handpumpe an der Armaturentafel. Bei früheren T1 gab es ab Werk keine Scheibenwaschanlage, manchmal wurde diese von ihren Besitzern nachgerüstet.

Beim T2 wird die Scheibenwaschanlage pneumatisch betätigt. Dazu wird der Waschwasserbehälter (im Fußraum hinter der Faserplatten-Abdeckung des Frontblechs) zunächst mit Wasser und anschließend mit Druckluft (aus dem Reifenfüllgerät) befüllt.

++	+	o	–
4	3	2	1

Motor

Schauen Sie sich den Motor von oben und unten an. Ist er mit Schmutz und Öl überzogen? Ölreste auf dem Motor könnten beim Nachfüllen ver-

Hinter dem Frontblech des T2 ist der Scheibenwaschbehälter mit seinem an einen Zylinderhut erinnernden Deckel platziert.

schüttet oder durch einen losen oder verrosteten Blechring um das Öleinfüllrohr verursacht worden sein. Es kann auch auf marode Dichtungen am Ölkühler oder verschlissene Kolben und Kolbenringe zurückzuführen sein, denn dadurch entsteht im Kurbelgehäuse ordentlich Überdrück, der das Öl aus jeder Ritze herauspresst. Weißliche Ablagerungen am Öleinfülldeckel können bei wassergekühlten Triebwerken auf Wasser im Öl (z.B. verursacht durch einen Schaden an der Zylinderkopfdichtung) hinweisen. Allerdings handelt es sich nicht selten um Kondenswasser, das sich auf der Innenseite des Deckels mit Öl vermischt.
Öl an der Unterseite in der Nähe des Kraftabgangs beruht meist auf einer schadhaften Kurbelwellendichtung oder von der Getriebewellendichtung. Getriebeöl erkennen Sie am strengen Geruch.
Öl an der Motor-Unterseite beruht auf schadhafter Ventildeckeldichtung oder Dichtung der Stößelstangenröhre. Prüfen Sie diesen Bereich mit einer Taschenlampe, auch über dem Blech zwischen Wärmetauscher und dem Kurbelgehäuse. Schauen Sie bei dieser Gelegenheit, ob der Thermostat rechts noch vorhanden ist (oft wurde er fälschlicherweise ausgebaut). Schauen Sie auch links nach ähnlichen Undichtigkeiten und suchen Sie über den Stößelstangenröhren nach Öl, das dort auf schadhafte Dichtungen dieser Röhren oder einen Defekt des Ölkühlers hindeutet. Es könnte auch das Kurbelgehäuse einen Riss haben, was ein neues Kurbelgehäuse und erheblichen Einbauaufwand erfordern würde.

Aufhängung von Motor und Getriebe

++	+	o	–
4	3	2	1

Da beim T1 der Motor hinten am Getriebe angeflanscht ist, fehlen hier eigentliche Motorlager. Das Getriebe hängt hinter der Gabelung des Laderaumbodens in einem Metallgestell. Die Gummiaufhängungen zwischen Chassis und Getriebe werden „matschig" und rissig, vor allem dann, wenn Öl sie angegriffen hat. Manchmal löst sich auch das Gummi von der Metallplatte. Der dritte Aufhängungspunkt findet sich vorn am Getriebe, und auch den sollte man einer Sichtprüfung unterziehen. Am besten geschieht das unter einer Bühne, weil man dann das Getriebe herauf- und herunterdrücken kann, um die Funktion der Halterung zu prüfen. Insbesondere dieses vordere Lager macht sich im Defektfall durch ein „schlagendes" Geräusch beim Anfahren bemerkbar, denn dann kippt die gesamte Motor-Getriebe-Einheit einige Zentimeter auf und ab. Das führt außerdem dazu, dass das sanfte Einkuppeln kaum noch möglich ist (die Antriebseinheit schaukelt sich ruppig ruckelnd auf, da bei jeder Bewegung auch der Gaszug automatisch bewegt wird), und auch das Schalten selbst wird zum Geduldsspiel.
Beim T2 findet man vorn eine Getriebeaufhängung und hinten eine Traverse unter dem Motor zwischen den Längsprofilen, auf die das Kurbelgehäuse geschraubt ist. Die Pressstahlkonstruktion früher Modelle ist rostgefährdet, so dass der Motor absacken kann. Später wurde eine solidere Tra-

verse eingebaut. Außerdem kam eine Halterung zur Getriebeunterstützung hinzu, die sich wieder auf einem Querträger abstützt. Dadurch kann man den Motor ausbauen, ohne das Getriebe abzustützen. Dieses Arrangement findet man auch beim T3 wieder.

Ansaugkrümmer

++	+	o	–
4	3	2	1

Die Dichtung zwischen Vergaser und Ansaugkrümmer bei Motoren bis 1970 und der Metallring zwischen Ansaugkrümmer und Zylinderkopf sollten sich in gutem Zustand befinden, um gut abzudichten. Wird hier Nebenluft angesaugt, so magert das Kraftstoffgemisch ab, der Leerlauf wird unruhig, in argen Fällen ist sogar ein Zischen zu hören. Achtung: Durch ein zu mageres Kraftstoff-Luftgemisch drohen Überhitzungsschäden am Motor (verbrannte Auslassventile, Loch im Kolben).

Der bis 1970 verwendete, zweifach angewinkelte Ansaugkrümmer bereitet selten Probleme, jedoch kann die angeschlossene Heizröhre für die Ansaugluftvorwärmung durchgerostet oder verkokt sein. Prüfen Sie diese Röhre und stellen Sie fest, ob sie sich bei laufendem Motor erwärmt. Achtung, diese Röhre wird, wenn sie funktioniert, sehr heiß! Am besten checken Sie deshalb nahe bei der Mitte unter dem Vergaser. Ist die Röhre verstopft, kann der senkrechte Teil des Ansaugrohrs im Winter vereisen, was den Motor unrund laufen lässt.

Ansaugkrümmer und Vorwärmrohr für den Vergaser.

Ab 1971 wurden bei den 50-PS-Motoren aufwändigere Zylinderköpfe mit zwei Ansaugkanälen und dreiteiligen Ansaugkrümmern verwendet. Prüfen Sie die beiden Gummi-Anschlüsse, die von zwei Schlauchschellen gehalten werden, weil diese altern und eine Gemischabmagerung herbeiführen können.

T2 mit den robusteren 1,7- und 2,0-Liter-Motoren haben zwei Einfachvergaser; die Ansaugkrümmer sind relativ unanfällig.

Gemischaufbereitung

++	+	o	–
4	3	2	1

Die Vergaser älterer Ausführung sind unempfindlicher als jüngere, weil Emissionsvorschriften sie immer komplizierter werden ließen. Die Drosselklappenwelle kann schlackern und Luft herein- sowie etwas Kraftstoff herauslassen. Sie können dies prüfen, indem Sie die Welle quer zur axialen Richtung bewegen.

Viele Exemplare haben infolge Verschleißes oder zur Leistungssteigerung bereits neue Vergaser erhalten. Daher findet man manchen Bulli mit Weber-Vergasern. Wenn diese Vergaser nicht perfekt abgestimmt sind, kommt es ebenfalls zu unrundem Motorlauf, manchmal auch zu Motorschäden. Da inzwischen viele Bullis mit getunten Motoren unterwegs sind, auch hier noch ein Wort der Warnung: Solche Triebwerke halten selten so lange wie die Original-Aggregate, und es gibt nur wenige professionelle Motorenbauer, die in der Lage sind, solche Triebwerke standfest aufzubauen. Diese haben dann auch ihren Preis (zwischen 10.000 und 15.000 Euro sind für spitzenmäßig aufgebaute Motoren auf „Typ 4"-Basis durchaus gerechtfertigt). Es gibt Unternehmen, die Vergaser überholen, einschließlich neuer Drosselklappenwellenlager. Diesen Weg sollte man bevorzugen. 1,8- und 2,0-Liter-Aggregate kamen in den USA mit elektronischer Einspritzanlage zum Einsatz. Diese arbeitet bis auf Undichtigkeiten an Schläuchen oder Probleme mit dem Doppelrelais an Zylinder 3 meist problemlos, ist im Reparaturfall allerdings eine besondere Herausforderung (auch finanziell), weil kaum Teile verfügbar sind. Für alle luftgekühlten Motoren gilt: Wichtig ist, dass die Zündung und das Ventilspiel re-

Zweiliter-T3-Motor mit Zweivergaseranlage und abgenommenem Luftfilter.

1700er Zylinderkopf und Wärmetauscher.

gelmäßig eingestellt werden (außer bei Benzinmotoren mit kontaktloser Zündanlage und Hydrostößeln im T3).

Auspuff

++ + o –
[4] [3] [2] [1]

Bei Serienmotoren ist auch die Serienauspuffanlage die beste Lösung. Viele Bullis haben andere Auspuffanlagen erhalten in der Hoffnung auf ein wenig mehr Leistung, oder weil ihre Besitzer sich über einen „krawalligen" Sound freuen. Manchmal fehlen hier die Heizungs-Wärmetauscher. Auch verlaufen manche zu dicht an der Karosserie und verursachen Hitzeblasen im Lack.

Minderwertige „After-Market"-Auspuffanlagen können bei den luftgekühlten Modellen schon nach zwei Jahren durchgerostet sein. Anlagen für die 25- und 30 PS-Motoren sind seltener und teurer. Originalanlagen werden meist an den Nahtstellen undicht. Auch die im Zubehör angebotenen Edelstahl-Auspuffanlagen können minderwertige Qualität aufweisen und halten dann nicht unbedingt ein Autoleben lang.

Getriebe, Differenzial und Kupplung

++ + o –
[4] [3] [2] [1]

Zu den höher belasteten Bauteilen beim Bulli zählen Kupplung und Getriebe. Bei der Probefahrt sollte tunlichst auf ungewöhnliche (mahlende) Geräusche, eine saubere exakte Schaltung ohne herausspringende Gänge und eine kräftig zupackende Kupplung geachtet werden. Eine durchrutschende Kupplung ist bei allen Baureihen noch am preiswertesten zu ersetzen, während eine Getriebeüberholung Spezialistensache ist. Freie VW-Händler bieten für die gängigeren Modelle Austauschgetriebe an. Auch die Antriebswellen machen Probleme, wenn beim T1 die Manschetten

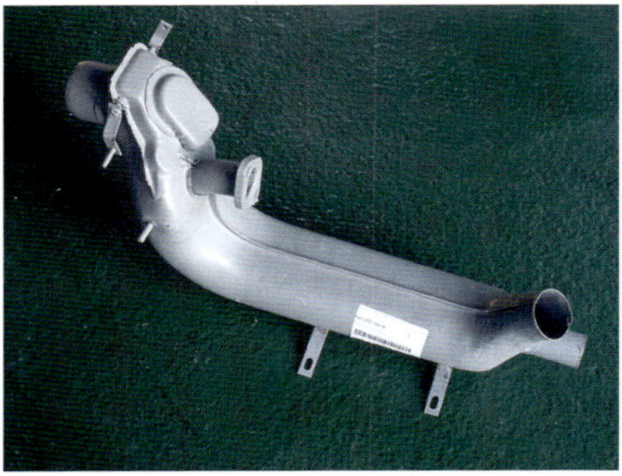

Ab 1963 für alle Motoren bis 1,6 Liter verwendeter Wärmetauscher.

T2-Hinterachse mit Drehstabfederung und Antriebswellen mit zwei Gelenken.

T3-Hinterachse mit Schraubenfedern und Antriebswellen mit zwei Gelenken.

undicht geworden sind und verschlissene oder undichte Untersetzungsgehäuse haben. Diese finden sich am Ende der Antriebswellen und übertragen die Kraft von den Wellen auf die hinteren Steckachsen. Sie setzen die Übersetzung herab und erhöhen die Bodenfreiheit. Die zweigelenkigen Antriebswellen an T2 und T3 können an ausgeschlagenen homokinetischen Gelenken oder schadhaften Manschetten leiden. Prüfen Sie deshalb die Manschetten von der Pendelachse bzw. den Gelenken. Schwer verschlissene Gelenke machen ein schlagendes Geräusch.

Ab Modelljahr 1973 konnte man für den 1700er eine Schaltautomatik erwerben. Vorsicht, wenn der Automatik-Bus die Höchstgeschwindigkeit bei weitem nicht erreicht oder schlecht beschleunigt. Das kann an falschem Ölstand im Drehmomentwandler liegen, einem Schaden am Wandler selbst oder einem größeren Schaden in der Automatik. Ab 1985 war der Allradantrieb „Syncro" erhältlich. Um dieses System oder die Automatik sorgfältig zu prüfen, sollten Sie sich der Dienste eines Fachmanns bedienen. Teile und Reparaturarbeiten gehen hier gehörig ins Geld, wenn Sie beim Kauf nicht aufpassen, aber auch die Verbrauchswerte von Automatik- bzw. Allrad-Bullis liegen wesentlich höher. Es können durchaus 15-17 Liter / 100 km sein.

Beim Schaltfahrzeug sollte das Spiel des Kupplungspedals zwischen 10 und 20 Millimetern liegen.

Probefahrt (nicht unter 15 Minuten)

++ + o –

Wichtige Warnleuchten

4 3 2 1

Der Tacho des T1 enthält zwei Kontrollleuchten, das rote Lichtmaschinenwarnlicht und die grüne Öldruck-Warnleuchte. Bei einigen ganz frühen und dann wieder bei den letzten Modellen waren beide rot. Beim Anlassen des Motors sollten beide Leuchten erlöschen. Leuchtet die Öldruckkontrolllampe bei heiß gefahrenem Motor im Leerlauf auf, kann dies mehrere Ursachen haben: Falsche (zu dünnfüssige) Ölsorte, unpräziser Öldruckschalter und Ölverdünnung sind die am günstigsten zu beseitigenden Probleme. Leider kann man die teureren (unzureichende Motorkühlung, deshalb zu dünnes Öl) oder gar verschlissene Motorlager (Motorüberholung fällig) ohne aufwändigere Untersuchungen nicht davon unterscheiden, weshalb im Zweifel von den „teureren" Schäden auszugehen ist.

++ + o –

Kaltstart

4 3 2 1

Vor August 1959 war ein Choke eingebaut, der gezogen werden muss. Bei jüngeren T1- und T2-Modellen tritt man das Gaspedal durch, um die Startautomatik zu aktivieren. Diese kann im Defektfall hängen bleiben (Motor „grölt" mit hohen Drehzahlen im Leerlauf, wenn er wärmer wird). Betätigen Sie mit losgelassenem Gaspedal den Anlasser, müsste der Motor anspringen, wenn alles in Ordnung ist. Beim T3 wird der Kaltstart elektronisch geregelt.

++ + o –

Kupplungspedal

4 3 2 1

Das Kupplungspedal sollte 10 bis 20 Millimeter Spiel haben, bevor der Druck der Kupplungsfeder spürbar wird. Bei getretenem Pedal sollte sich der erste Gang leicht einlegen lassen. Wenn bei betätigter Kupplung schleifende oder heulende Geräusche verschwinden, die bei gelöster Kupplung im Leerlauf auftreten, dann weist dies auf ein defektes Kupplungs-Ausrücklager hin.

++ + o –

Schalthebel

4 3 2 1

Vor 1953 fehlte jede Synchronisierung, so dass beim Schalten Zwischengas geben erforderlich ist. Der 1. Gang musste noch bis 1959 auf die Synchronisierung warten. Gepflegte Getriebe lassen sich leicht und präzise schalten. Drehen Sie den Bulli bei der Probefahrt ruhig recht weit aus in den Gängen um sicherzustellen, dass keiner herausspringt. Insbesondere bei abruptem Lastwechsel (Gasgeben und -wegnehmen) kann dies auftreten. Dann ist fast immer eine kostspieligere Reparatur erforderlich. da die Übertragungswege der Schaltung bei allen heckgetriebenen Bullis sehr lang sind, führt Verschleiß in der Schaltmechanik sehr häufig zu unpräziser Schaltbarkeit. Besonders anfällig für eine „schlabberige" Schaltmechanik sind die Vierganggetriebe aller Baureihen, während die Fünfganggetriebe (für bestimmte T3-Modelle optional) außerdem mit extremer Hakeligkeit nerven können. Teilweise lassen sich hier der Rückwärtsgang und der hinten links liegende erste Gang kaum einlegen. Überprüfen Sie auch den Rückwärtsgang in gleicher Weise, wo kaum Verkehr ist, wie z.B. auf einem leeren Parkplatz. Der Rückwärtsgang wird beim T1 und T2 eingelegt, indem der Schalthebel heruntergedrückt, nach links und dann nach hinten gerückt wird.

++ + o –

Wählhebel

4 3 2 1

Anders als der Käfer verfügt der Bulli ab der Baureihe T2 optional über eine Vollautomatik mit Drehmomentwandler. Der Anlasser funktioniert nicht, wenn eine Fahrstufe eingelegt ist.
Bei der Probefahrt wählen Sie „D" und beschleunigen den Bulli durch die Gänge. Lahmer Antritt oder eine geringe Höchstgeschwindigkeit können Folge eines schadhaften Drehmomentwandlers sein. Achten Sie auf die Geschwindigkeiten, bei denen der Gangwechsel erfolgt. Dieser sollte stets rasch und ohne Zugkraftunterbrechung erfolgen. Schaltet die Automatik unmotiviert hin und her, wird sie schadhaft sein. Prüfen Sie auch, ob der Kickdown-Mechanismus funktioniert.

++ + o –

Lenkrad

4 3 2 1

Die im Stand schwergängige Lenkung (nur Carat-Modelle und viele spätere Vanagons für die USA hatten Servolenkung) sollte sich, wenn man einmal in Bewegung ist, leicht und präzis anfühlen. Der Bulli neigt zum Übersteuern, weshalb man Kurven besser so langsam anfährt, dass man sie mit etwas Gas durchfahren kann.
Tiefergelegte Busse fühlen sich meist fürchterlich an, weil sie oft mit Anpassungsteilen an den vorderen Drehstäben arbeiten, die die Lenkgeometrie negativ beeinflussen. Auch die geringen Federwege machen solche Busse manchmal fast unfahrbar. Leider liegt solcher Unfug in gewissen Liebhaberkreisen in letzter Zeit sehr im Trend. Vernünftige Menschen, die ihren Bulli gerne auch auf längeren Strecken bewegen möchten, sollten hier eine Rückrüstung einkalkulieren.

++ + o –

Bremsen und Handbremse

4 3 2 1

Scheibenbremsen wie an T2 und T3 verbessern die Verzögerungsleistung, ein Schiefziehen tritt bei defekten Bremssätteln auf. Korrekt eingestellte Trommelbremsen sind nur wenig schlechter, neigen aber eher zu einseitigem Ziehen. Spüren Sie durch das Pedal ein leichtes Pulsieren, so haben sich Trommeln oder Scheiben verzogen. Die Handbremse sollte ab dem vierten oder fünften Zahn Wirkung zeigen und den Bulli selbst an starkem Gefälle noch halten können.

++ + o –

Geräusche

4 3 2 1

Schwer zu erklären, dennoch ein paar persönliche Erfahrungen: Eine gebrochene Kurbelwelle (oft beim 30-PS-Motor) kann bei bestimmten Drehzahlen geräuschlos laufen, führt aber bei anderen zu erheblichem Lärm. Ein gebrochener Kolben macht „Tschang-Tschang", während eine gebrochene

Ventilfeder „Tack-Tack“ macht. Schabende oder heulende Geräusche aus dem Vorderwagen bei Kurvenfahrt deuten auf schlecht eingestellte oder verschlissene vordere Radlager hin, dabei können auch die vorderen Bremsen schleifen. Ein tiefes Grummeln aus dem Heck kann ein verschlissenes Hinterradlager sein, Bullis mit Zweigelenk-Wellen klackern bei Kurvenfahrt, wenn sich ein Gelenk verabschiedet. Die meisten älteren Bullis jaulen etwas aus der Kraftübertragung, in den unteren gerade verzahnten Gängen bei unsynchronisierten Getrieben ist dies sogar unvermeidlich.

++ + o –

Fahrleistungen

4 3 2 1

Vgl. Datenblatt

++ + o –

Öldruck

4 3 2 1

Geht die Öldruckleuchte beim Fahren an, so halten Sie unverzüglich an und prüfen den Ölstand, denn sie meldet sich erst, wenn schon kaum noch Öldruck aufgebaut werden kann. Gute luftgekühlte Motoren erreichen 2 bar, auch wenn sich dies am Fahrzeug nicht ablesen lässt. Man kann eine Öldruckanzeige von VDO kaufen, aber sie wird Sie unnötig verrückt machen. Aufschlussreicher und nicht nur bei leistungsgesteigerten Bullis ausgesprochen sinnvoll ist der Einbau einer Öltemperaturanzeige. Steigt die Öltemperatur über 130 °C, kann ein Zusatzölkühler Abhilfe schaffen. Zumindest kann im Akutfall mit einer zurückhaltenden Fahrweise darauf reagiert werden.

++ + o –

Ladekontrolle

4 3 2 1

Solange die Ladekontrollleuchte beim Fahren aus bleibt, wird die Batterie wohl geladen. Leuchtet sie auf, so halten Sie umgehend an! Es könnte der Keilriemen gerissen sein, der auch das Kühlgebläse antreibt, was für den luftgekühlten Motor gefährlich ist. Der Ladestrom kann mit einem Multimeter gemessen werden, vgl. dazu die Anleitung in guten Werkstatthandbüchern.

++ + o –

Weitere Schalter

4 3 2 1

Ein Drehknauf unter der Vorderkante des Vordersitzes steuert die Heizung des T1, während dies beim T2 drei vertikale Hebel an der Armaturentafel übernehmen. T2 haben außerdem eine zusätzliche Düse zwischen den Vordersitzen, um den Raum dahinter zu beheizen. Bis Juni 1960 befand sich ein Chokehebel neben dem Heizungsknauf, der mit Einführung der Startautomatik entfiel.

++ + o –

Schalter

4 3 2 1

An der Armaturentafel des T1 geht es einfach und übersichtlich zu. Frühe Modelle mit großer Motorhaube hatten ein einfaches Zentralinstrument in einem Bakelitgehäuse mit Drehschaltern für Licht und Scheibenwischer. Ein weiterer Schalter in Armaturenbrettmitte bediente die Winker. Im März 1955 kam die über die ganze Fahrzeugbreite reichende Armaturentafel, mit einer Blende für das Autoradio und Zughebeln für Licht und Scheibenwischer.

Die Armaturentafel des T2 ist für drei Instrumente ausgelegt. In der Mitte thront der Tacho, links davon die Tankanzeige und diverse Kontrollleuchten. Rechts befindet sich bei einigen Modellen die Uhr. Das Zünd-Anlassschloss ist rechts an der Lenksäule angebracht. Zwei Lenksäulenhebel regeln Blinker und Abblendlicht (links) sowie Scheibenwischer und -waschanlage (rechts). Über weich geformte Schalter an der Unterkante der Armaturentafel werden die Beleuchtung und das Warnblinklicht eingeschaltet.

Die Armaturengestaltung des T3 ähnelt den damaligen Polos, Golfs und Passats. Kippschalter überwiegen, jedoch finden sich für Heizung und Belüftung auch Schieberegler. Zwei Hebel vereinen mehrere Funktionen, sind aber nicht so zerbrechlich wie sie aussehen. Wie bei allen Kunststoffteilen achte man auf Beschädigungen als Folge von Alter und Unachtsamkeit.

	++	+	o	–
Hebebühne	4	3	2	1

Vor jedem Bulli-Kauf ist die Untersuchung auf einer Hebebühne dringend anzuraten, um den Bulli von unten gründlichst zu inspizieren, denn der rostanfällige Unterboden ist in jeder Bulli-Generation eine besondere Achillesferse, der den Ausschlag zwischen „Top" oder „Hopp" geben kann oder zwischen Glückseligkeit und Alptraum. Berücksichtigen Sie, was zuvor zur Inspektion bereits ausgeführt wurde und beachten Sie besonders das Folgende:
Lassen Sie eine Begleitperson im Bulli die Pedale treten und am Lenkrad drehen. Schauen Sie die Bremsschläuche an (außen rissig? Bilden sich Ausbeulungen, wenn das Pedal getreten wird?). Sind Bremsleitungen korrodiert oder undicht? Lassen Sie Ihren Begleiter das Lenkrad von der Mitte aus in beide Endstellungen drehen. Prüfen Sie die Spurstangenköpfe, Lenkgetriebe und Drehlager auf übermäßiges Spiel.
Sind an Wagenboden und besonders den Trägern vorn und hinten Rostspuren zu finden? Auch die Bodenplanken, die die Querträger schützen sollen, sind rostanfällig. Haben auslaufende Säure oder Dämpfe vom Aufladen das Blech unter der Batterie angegriffen?
Das Blech, das das vordere Radhaus nach hinten abschließt, sieht nach Reparaturschweißungen meist flach aus, während ursprünglich die Enden der Schwellen etwa 4 mm darüber hinaus ragten. Bei T1 und T2 ist der Zustand des Kraftstoffschlauchs vor dem linken Wärmetauscher zu überprüfen. Ist er beschädigt oder fehlen die Halteklammern, kann der Bulli abbrennen. Beim T2 muss auf undichte Tanks geachtet werden, wie dies nach falsch angeschlossenen Entlüftungs- und Unterdruckschläuchen gern vorkommt. Achten Sie auf Ölverlust an Motor und Kraftübertragung. Beachten Sie die Gummimanschetten der T1-Pendelachse und die Achsmanschetten der Modelle mit zwei Gelenken an den Antriebswellen. Schauen Sie bei dieser Gelegenheit auch den Auspuff genau an. Bei luftgekühlten Modellen sind die Wärmetauscher gesondert vom Endschalldämpfer zu betrachten. Sie sind auf beiden Seiten unterschiedlich und in der Anschaffung recht teuer.

Bewertung: Addieren Sie die notierten Punktzahlen. Eine Summe von 196 ist hervorragend, um 147 gut, um 98 durchschnittlich, um 49 schlecht.

Ab 123 Punkten ist das Fahrzeug voll einsatzfähig und bedarf nur einfacher Wartungsarbeiten und etwas Liebe, um in gutem Zustand zu bleiben. Unter 98 Punkten muss man sich auf eine Vollrestaurierung einrichten (recht teuer), von 99 bis 123 Punkten sollte man die erforderlichen Reparaturkosten sorgfältig zusammenstellen, um zu einer realistischen Fahrzeugbewertung zu kommen.

10 Auktionen – ein anderer Weg zum Traum-Bus

Pro und Kontra

Pro: Die Preise sind im Allgemeinen niedriger als bei Händlern oder privaten Verkäufern und man kann möglicherweise ein echtes Schnäppchen machen. Professionelle Versteigerer haben zumeist alle Formalitäten mit dem Verkäufer erledigt.

Kontra: Man muss allein der Beschreibung im Katalog vertrauen. Die Möglichkeiten zur Überprüfung sind begrenzt und eine Probefahrt ist nicht möglich. Auktionsmodelle sind oft in einem unterdurchschnittlichen Zustand und verlangen nach zusätzlichen Reparaturen.

Welche Auktion?

Die Veranstaltungen der etablierten Auktionshäuser werden in Automobilmagazinen oder auf den Internetseiten der Unternehmen angekündigt. Der Katalog oder eine einfache Aufstellung der zum Aufruf kommenden Modelle ist erst kurz vor der Auktion erhältlich. Allerdings veröffentlichen die Unternehmen ihre Angebote auch schon früher auf ihren Internetseiten. Nehmen Sie Kontakt mit dem Auktionshaus auf, um die Ausrufpreise zu erfahren. Details der bereits gelaufenen Auktionen sind zumeist im Netz zu erfahren und ein guter Indikator.

Katalog, Eintrittsgelder und Zahlungsmodalitäten

Der Katalog fungiert oftmals auch als Eintrittskarte für zwei Personen während der Besichtigungstage und für die Auktion selbst. Die Angaben in den Katalogen sind zumeist kurz und knapp, enthalten aber in der Regel Angaben über die Zahl der Besitzer, den Kilometerstand und die Wartungsgeschichte des Wagens. Der angegebene Ausrufpreis gibt eine erste Andeutung, in welchen Kategorien man sich bewegt, und gleichzeitig werden im Katalog auch die verschiedenen Zahlungsformen sowie das verlangte Aufgeld angegeben. Zumeist verlangt der Auktionator Barzahlung, es sind aber auch andere Modalitäten wie Zahlung mit Kreditkarte oder mittels eines von der Bank bestätigten Schecks möglich. Kein Fahrzeug wird herausgegeben, bevor nicht alle Zahlungsmodalitäten geklärt sind. Bei Verzögerungen kann der Auktionator Lagergebühren verlangen.

Aufgeld

Bei der Kalkulation darf man unter keinen Umständen das Aufgeld vergessen. Daneben können noch andere Steuern fällig werden.

Besichtigung

Bei den meisten Auktionen ist vorab eine Besichtigung der Wagen möglich. Hilfskräfte des Auktionators sind dabei durchaus bereit, die Motor- oder Kofferraumhaube zu öffnen und sie werden es auch zulassen, dass man den Innenraum besichtigt. Der Motor kann zwar gestartet werden, eine Probefahrt aber ist absolut ausgeschlossen. Man darf den Wagen auch von unten überprüfen, aber mit Sicherheit wird man die Bitte, den Wagen auf eine Bühne zu stellen, ablehnen. Man kann allerdings die wichtigsten Dokumente einsehen.

Bieten

Bevor man sich an einer Auktion beteiligt, sollte man sich unbedingt über sein persönliches Höchstgebot im Klaren sein und – auch wenn es mitunter schwer fallen mag – dabei bleiben.
Bis das begehrte Auto aufgerufen wird, vergeht meistens einige Zeit, die man nutzen kann, um die anderen Bieter zu beobachten. Ist der anvisierte Wagen an der Reihe, sollte man die Aufmerksamkeit des Auktionators auf sich ziehen indem man ein frühes Gebot abgibt. Der Auktionator wird dann immer zu Ihnen blicken, um eine Reaktion auf ein Gebot zu bekommen. Zumeist wird in genau definierten Schritten gesteigert, was sich erst ändern kann, wenn die Gebote langsamer kommen. Dann werden auch kleinere Schritte akzeptiert. Wenn man sich aus dem Gebotgefecht verabschieden will, sollte man dies dem Auktionator unmissverständlich signalisieren – ein deutliches Kopfschütteln sollte reichen.
Bei einem erfolgreichen Gebot notiert sich der Auktionator die Nummer Ihrer Karte, und von nun an sind Sie für den Wagen verantwortlich.
Wird der Wagen nicht verkauft, weil er schlicht kein ausreichendes Interesse fand oder unter dem Ausrufpreis blieb, gibt es immer noch die Möglichkeit, mit dem Besitzer – unter Vermittlung des Auktionators – direkt zu verhandeln.

Erfolgreiches Gebot

Bereits im Vorfeld sollte man sich für diesen Fall ein paar Gedanken gemacht haben. Wie wird der Wagen nach Hause transportiert und welche Versicherung wird dafür benötigt? Die Versicherungsfrage sollte man auf jeden Fall bereits vor der Auktion geklärt haben. Ist der Wagen nicht fahrbereit: Kann man ihn auf einem Anhänger transportieren oder muss man die Aufgabe an ein qualifiziertes Unternehmen delegieren? Das Auktionshaus verfügt zudem ebenfalls über entsprechende Adressen.

eBay und andere Internet-Auktionen

Bei eBay und anderen Internet-Auktionshäusern kann man durchaus für einen günstigen Preis an seinen Traum-Klassiker kommen, doch sollte man nicht auf eine gründliche Untersuchung des Wagens vor Ort verzichten. Die meisten Anbieter ermutigen die Interessenten sogar ausdrücklich dazu. Bei eBay wird stets der Standort des Wagens genannt, sodass man sich ein Angebot in erreichbarer Nähe aussuchen kann. Seien Sie darauf vorbereitet, in letzter Minute überboten zu werden. Sie sollten sich darüber im Klaren sein, dass Ihr Gebot bindend ist, es aber andererseits sehr schwer ist, einen betrügerischen Anbieter vor Gericht zur Rechenschaft zu ziehen. Immer wieder kommt es auch zum Verkauf von „Geisterwagen". Daher sollte man sicherstellen, dass der in Frage kommende Wagen tatsächlich existiert und sich nicht voreilig von seinem Geld trennen.

11 Papiere für eine vollständige Dokumentation

Klassische Automobile oder Sammlerautos werden im Allgemeinen von umfangreichen Papieren begleitet, die beim Verkauf weitergereicht werden. Mittels dieser Dokumentation lässt sich die exakte Geschichte des Wagens nachvollziehen und außerdem werden so der Umfang von Pflege, Wartungs- und Restaurierungsarbeiten deutlich. Für den neuen Besitzer sind derartige Dokumente außerordentlich wertvoll und wenn der Verkäufer diese nicht vorweisen kann, sollte man als Interessent misstrauisch werden.

Zulassung

Alle Länder verfügen über ein Registrierungssystem für Automobile – wie dem so genannten „Pink Slip" in den USA oder dem Kraftfahrzeugbrief in Deutschland.
Dabei ist es wichtig, dass die Unterlagen im Original vorliegen und vollständig sind, dass sie sich auf den in Frage kommenden Wagen beziehen und dass alle Details wie Motor- und Fahrgestellnummer korrekt angegeben sind. Alle früheren Besitzer sind ausschließlich im Kraftfahrzeugbrief aufgeführt. Daher sollte man sich nicht mit dem Kfz-Schein begnügen, in dem ja nur der aktuelle Besitzer angegeben ist.
Vergleichen Sie alle Angaben im Brief mit dem Typenschild, das im Fahrzeug montiert ist. Besitzt der Wagen eine ausländische Zulassung, sollte man sich vorab bei den entsprechenden Stellen wie dem Zoll informieren, welche Formalitäten bei der Einführung des Wagens zu erledigen sind.

TÜV

Auch Klassiker können dem TÜV nicht entgehen. Bei dem Besichtigungstermin spielen daher die letzten TÜV-Berichte eine entscheidende Rolle bei der Beurteilung des Objektes der Begierde. Also sollte man sich diese Unterlagen unbedingt zeigen lassen und bei Bedarf darauf bestehen, dass die von den Prüfern verlangten Reparaturen durch entsprechende Rechnungen dokumentiert werden. Auch wenn der Wagen nicht mehr zugelassen ist, sollte man nicht darauf verzichten. So offenbaren sich mitunter schon vor der ersten genaueren Besichtigung mögliche gravierende Schwachpunkte. Sind diese Unterlagen nicht vorhanden, ist es durchaus möglich, dass der Verkäufer etwas zu verbergen hat.

Zulassung

Ist das Fahrzeug noch zugelassen, ist eine Ummeldung relativ unproblematisch. Wer viel Zeit, Geduld und Lust auf Bürokratie hat, kann selbst zum Straßenverkehrsamt fahren und dort seinen Wagen ummelden. Dazu benötigt man Kraftfahrzeugbrief, -schein, Versicherungsnachweis, TÜV-/AU-Unterlagen, Personalausweis und Bargeld für die fälligen Gebühren und die neuen Kennzeichen. Hat man sich die Kennzeichen besorgt und montiert, steht der weiteren Fahrt nichts mehr im Weg.
Besitzt der Wagen keine Zulassung mehr, interessiert sich zunächst der TÜV für das Fahrzeug. Je nach Herkunft und Dauer der Abmeldung kann der TÜV auf einer Einzelabnahme bestehen, für die eine ausführliche technische Dokumentation notwendig ist. Ist diese Hürde genommen, begibt man sich zur Zulassungsstelle. Wenn man Zeit sparen will, kann man auch entsprechende Dienstleister in Anspruch nehmen, die gegen eine Gebühr die Zulassung organisieren.

Bewertung

Mitunter hat der Verkäufer ein Wertgutachten von einer anerkannten Organisation wie DEKRA oder DAT anfertigen lassen, aus dem der Wert des Modells hervorgeht. Im Allgemeinen stellen solche Dokumente allerdings lediglich eine unverbindliche Richtgröße für den tatsächlichen Preis dar.

Service-Historie

Häufig werden diese Wagen von ihren (hoffentlich fähigen) Besitzern selbst gewartet. Trotzdem sollte man so viele Details der Service-Historie wie möglich in Erfahrung bringen. Dabei kommt den Bescheinigungen und Rechnungen von Markenhändlern oder Fachbetrieben eine ganz besondere Bedeutung zu. Tatsächlich sind alle Papiere bei der Dokumentation wichtig: Vom ersten Kaufvertrag bis zum Wartungsheft bekommt man so Antworten auf wichtige Fragen zu der Geschichte des Fahrzeugs. Besonders ein Katalog des Modells aus dem entsprechenden Baujahr ist eine wichtige Informationsquelle und sollte, falls nicht bereits vorhanden, so schnell wie möglich erworben werden. Die Behauptung des Besitzers, dass der Wagen restauriert worden sei, sollte man sich immer durch die entsprechenden Unterlagen belegen lassen.

Wenn der Verkäufer erklärt, den Service selbst vorgenommen zu haben, sollte man fragen, wann die Arbeiten ausgeführt wurden und nach entsprechenden Hinweisen suchen. Im besten Fall deckt sich Ihre Einschätzung des Gesamtzustands mit den Angaben des Verkäufers.

Restaurierungs-Fotos

Größere Restaurierungsmaßnahmen werden in der Regel mit einer Vielzahl von Fotos dokumentiert. Die aus verschiedenen Winkeln gemachten Aufnahmen helfen dabei, Umfang und Qualität der Arbeiten einzuschätzen. Wenn Sie den Wagen kaufen, bitten Sie den Verkäufer, Ihnen die Fotos zu überlassen, weil sie ein wichtiger Teil der Geschichte des Fahrzeugs sind. Es ist erstaunlich, wie viele Besitzer bereit sind, sich zwar von ihrem Wagen zu trennen, die Fotos aber als Erinnerungsstücke behalten wollen. In einem solchen Fall kann man sich vermutlich auf Abzüge von den Originalen einigen.

12 Wie viel ist „er“ wert?

Zustand

Nach gründlicher Untersuchung „Ihres“ Bullis sollten Sie jetzt wissen, ob nach den in Kapitel 9 aufgestellten Kriterien das Fahrzeug als perfekt, gut, mittelmäßig oder schlecht einzuordnen ist.
Bullis steigen seit Jahren im Wert. Auch renommierte Klassikermagazine bzw. Preis-Datenbanken konnten in der Vergangenheit mit der rapiden Preisentwicklung nach oben kaum mithalten und tendierten deshalb oft zur Unterbewertung. Anhand des festgestellten Zustands können Sie nun einen Wert ermitteln. Wie verhält sich dieser zum geforderten Kaufpreis? Bevor Sie mit dem Verkäufer das Feilschen beginnen überlegen Sie, welche Auswirkung auf den Wert evtl. festgestellte Abweichungen von der Normalausführung des Fahrzeugs haben.
Beim Kauf vom Händler ist ein Aufschlag einzukalkulieren. Auch wenn unsere Angaben zur Drucklegung realistische Preise für T1, T2 und T3 wiedergeben, so sind da noch zwei Dinge zu bedenken: Kann man Kasten- und Pritschenwagen sowie die zahlreichen, manchmal sonderbaren Umbauten bis hin zu Leichenwagen, Verkaufsständen oder Leiterwagen ebenso hoch bewerten wie Kombi und Bus? So interessant sie sein mögen, welchen praktischen Nutzen haben sie? Für Ausstellungen mögen sie interessant sein, aber bereiten sie Fahrvergnügen? Aus diesen Gründen würden wir sie etwas niedriger bewerten als Kombi und Bus.
Bei Schönheitswettbewerben sind immer wieder Campingbusse zu sehen, und die Besitzer scheuen keine Mühen, die Originalausführung von Westfalia, Devon oder anderen so genau wie möglich zu reproduzieren. Besonders beim T1 ist das ein wertbildender Faktor. Viele kaufen jedoch ein solches Fahrzeug, um damit Campingurlaub zu machen, so dass ihnen Originalität nicht so viel bedeutet. Ein einfacher Umbau eines anerkannten Unternehmens mit zwei Schlafstätten ohne hochstellbares Dach oder ein entsprechender Umbau in Eigenleistung wird jedoch weitaus weniger wert sein als ein Campingbus der vorgenannten Marken mit bis zu vier Schlafplätzen, Hochdach und Markise. Deshalb bewerten wir den Campingbus immer höher als den einfachen Bus oder Kombi.

Verhandlungen

Machen Sie Ihre Zustandsbewertung zur Grundlage Ihrer Verhandlungen, egal ob T1, T2 oder T3. Kalkulieren Sie dabei unbedingt mit ein, welche Reparaturkosten noch auf Sie warten. Berücksichtigen Sie auch die Ausstattung des Fahrzeugs. Schätzen Sie den Wert richtig ein. Seien Sie aber nicht zu stur. Ein kleines Zugeständnis von Seiten der Verkäufers oder Käufers kann manchmal das Geschäft möglich machen, ohne dass es viel kostet.

13 Restaurieren – ja oder nein?

Für solch ein restaurationsbedürftiges Fahrzeug benötigen Sie das teure Frontblech, neue Türen, Scheibengummis rundum und einen erstklassigen Lackierer. Alter und Liebhaberwert könnten den Aufwand jedoch rechtfertigen.

Am teuersten bei der Wiederherstellung durch einen Fachbetrieb sind nicht die Teile, sondern die Arbeitskosten. Billig wird das nie, und wenn Sie tatsächlich eine Restaurierung angehen, gibt es einiges zu bedenken.

Machen Sie Ihrer Werkstatt (bei Fremdleistungen) als erstes unmissverständlich klar, welche Arbeiten Sie wünschen. Der Auftrag sollte auf jeden Fall präziser lauten als „Ein Stück Restaurierung". Zum Beispiel sollte geklärt werden, ob Karosserieteile durch Originalteile ersetzt werden sollen oder diese zumindest dem Baujahr entsprechen sollten. Soll das Fahrzeug vor der Lackierung entlackt werden? Sollen vor dem Lackieren alle Scheiben ausgebaut werden? (Eine Restaurierung, die diese Bezeichnung verdient, wird grundsätzlich den Ausbau der Scheiben bedingen) Wenn Sie fair sein wollen, wird die Liste der abzustimmenden Fragen recht lang, stellt aber sicher, dass Sie am Ende auch bekommen, was Sie wünschen.

Als Nächstes stellen Sie sicher, dass Sie nicht nur eine unverbindliche Kostenschätzung erhalten, sondern dass der Restaurator sich auch daran gebunden fühlt. Allzu oft fällt die Rechnung erheblich höher aus als der zuvor unverbindlich genannte Schätzbetrag. Vereinbaren Sie unbedingt, dass bei Zusatzarbeiten oder Schwierigkeiten, die manchmal erst im Verlauf einer Restaurierung erkennbar werden, unverzüglich Rücksprache und eine genaue Abstimmung mit Ihnen erfolgt.

Drittens überprüfen Sie den Ruf des Unternehmens, das Sie beauftragen möchten, zum Beispiel durch Erkundigungen innnerhalb der Clubszene oder die Begutachtung von fertiggestellten Referenzfahrzeugen (nicht nur anhand von Fotos). Einstmals gute Namen haben oft später nur noch unterdurchschnittliche Arbeit abgeliefert. Sicherlich möchten Sie nicht, dass gleich eine zweite Restaurierung Ihres Bullis fällig wird.

Wenn Sie den Bulli selbst restaurieren wollen, müssen Sie gleich mehrere Begabungen haben. Sich die benötigten Fähigkeiten rasch anzueignen, wird nicht möglich sein. Können Sie schweißen, ein Fahrzeug zur Lackierung vorbereiten und sogar selbst lackieren, können Sie einen Motor überholen, haben Sie die nötige Ausrüstung für diese Arbeiten? Eine große und trockene Garage und ein guter Werkzeugbestand sind Grundvoraussetzung. Haben Sie entsprechende Schrauberliteratur und Werkstatthandbücher im Regal stehen? Haben Sie die Möglichkeiten, den Motor auszubauen? Wird die Restaurierung wirklich nur ein Jahr dauern? Oder sind 24 Monate realistischer? Natürlich können Sie Helfer organisieren, aber haben Sie genug Freunde, damit alles mit der nötigen Fachkunde erledigt werden kann? Haben diese überhaupt die Zeit, sich mit Ihrem Projekt in dem von Ihnen geplanten Zeitrahmen umfassend zu beschäftigen?

Ein erstklassiger Restaurator wird Sie auf eine Warteliste setzen müssen. Bei Eigenarbeiten müssen Sie damit rechnen, dass etwas schief geht und viel zusätzliche Zeit verschlingt. Manch einer hat mehr als zwei Jahre gebraucht, um ein nicht einmal ganz schlechtes Fahrzeug wieder auf Vordermann zu

Dieser heruntergekommene, wassergekühlte T3 wird kaum restauriert werden, weil es günstiger ist, ein besseres Exemplar zu suchen. Die Lackierung allein würde den Wert des Fahrzeugs schon übersteigen.

Makelloser Samba, für viel Geld hergerichtet. Dazu gehörte eine „neue“ Dachhaut. Zeit und Mühen haben sich gelohnt, weil der Wagen nun einen erheblichen Wert darstellt.

bringen. Andere schaffen es in weniger als einem Jahr, was ihnen aber die Scheidung einbrachte. Manch einer entschließt sich zur abschnittsweisen Restaurierung. Das ist nicht empfehlenswert, wenn Concours-Zustand angestrebt wird, und mit einer nur grundierten Karosserie länger herumzufahren, tut ihr auch nicht gut, schon gar nicht im salzigen Winter. Die größte Gefahr bei abschnittsweisen und bei Do-it-yourself-Restaurierungen besteht darin, dass zwischendurch die Motivation verloren geht, weil das Projekt sich hinzieht, weil es in der Garage eiskalt ist etc. Wie oft werden solche „abgebrochenen Restaurierungen“ angeboten! So ein Verkauf bedeutet immer einen erheblichen finanziellen Verlust, weil es für den Nächsten schwierig sein kann, sich in das Projekt einzuarbeiten.

Schwerer Frontschaden, der auch die Einstiegsstufe beschädigt haben könnte. Frontblech und Stoßstange müssen auf jeden Fall erneuert werden.

Unterm Strich bleibt so eine Komplettrestaurierung immer ein finanzielles Abenteuer. Nicht selten verschlingen solche Projekte mehr Geld als das Fahrzeug nach Abschluss der Arbeiten wert ist. Wenn man die Summe für eine Totalrestaurierung direkt beim Kauf investiert, kann dies für wesentlich mehr Fahrvergnügen sorgen – bei deutlich weniger Arbeit.

Daher sollte man immer die Regel befolgen, den bestmöglichen Bulli zu kaufen, den man sich leisten kann. Bei Modellen in restaurierungsbedürftigem Zustand muss man unter allen Umständen vermeiden, viel Geld für einen Haufen wertlosen Schrott zu bezahlen.

14 Lackprobleme

Lackprobleme entstehen zumeist aufgrund unzureichender Vorarbeiten für eine Neulackierung oder Ausbesserung. Einige der folgenden Probleme werden Sie bei der Klassiker-Suche häufiger antreffen.

Orangenhaut

Die ungleichmäßige Lackoberfläche erinnert an die Schale einer Orange. Das Problem entsteht, wenn der Lack zu wenig verdünnt wurde (häufig auch in Kombination mit einem zu großen Sprühabstand). Auch extreme Temperaturunterschiede zwischen der Umgebung und der zu lackierenden Oberfläche fördern die Bildung einer Orangenhaut. Dieser Effekt lässt sich in leichteren Fällen mit einer entsprechenden Politur oder sehr feinem Schleifpapier beseitigen. Je nach Ausmaß dieses Lackierfehlers ist eine Neulackierung empfehlenswert. Auch hier hilft die Begutachtung durch einen Experten.

Risse

Risse im Lack können vor allem durch zu viel Spachtelmasse entstehen. Wird dem Lack zu viel Härter beigemischt oder besteht eine Unverträglichkeit zwischen der neu aufgetragenen Farbsorte und der bereits vorhandenen Lackierung, kann es ebenfalls zu diesen Erscheinungen kommen. Bei einer umfassenden Restaurierung sollte man vor der Neulackierung sämtliche Lackschichten entfernen, um dieses Problem auszuschließen.

Risse entstehen, wenn zu viel Spachtelmasse verwendet wurde.

Haarrisse

Wenn sich feine Haarrisse über die Lackoberfläche verteilen, liegt häufig eine Unverträglichkeit des Lacks mit der verwendeten Grundierung vor. In diesem Fall muss man sich Gedanken über eine Neulackierung machen. Beim 993 sind nicht selten – alterungsbedingt – auch die Kunststoffstoßfänger von Haarrissen betroffen.

Blasen

Korrosion unter der Lackierung verursacht unweigerlich Blasen. Werden sie erst einmal richtig sichtbar, ist der Schaden an den Blechen vermutlich ziemlich groß. Vor einer Neulackierung muss in diesen Fällen zunächst das betroffene Blech repariert werden.

Schlecht behandelte Schweißnähte lassen unter der Lackschicht den Rost „blühen".

Diese „Rostpickel" entstehen unter anderem, wenn die Oberfläche nicht gründlich genug zum Lackieren vorbereitet wurde.

Mikroblasen

Diese Blasen lassen auf eine preiswerte Lackierung schließen, bei der die Oberfläche nicht gründlich trocknen konnte. Am besten holt man sich Rat bei einem Spezialisten, doch wird man häufig in dem betroffenen Bereich die alte Lackierung vollständig entfernen müssen. Als Ursache für die Blasen kommen aber auch Fahrzeugabdeckungen in Frage, die nicht „ atmen".

Verblassen

Einige Farben, vor allem Rot, neigen dazu, bei starker Sonneneinstrahlung und ohne Schutz durch entsprechende Politur zu verblassen. Wenn eine Behandlung mit einem Lackreiniger nicht ausreicht, kommt man um eine Neulackierung nicht herum.

Abblättern

Vor allem bei Metallic-Lackierungen kann es vorkommen, dass der Klarlack abblättert. Schlecht aufgetragener Einschicht-Lack zeigt ebenfalls diese Erscheinung. Konsequenterweise muss das Fahrzeug auch in diesen Fällen neu lackiert werden.

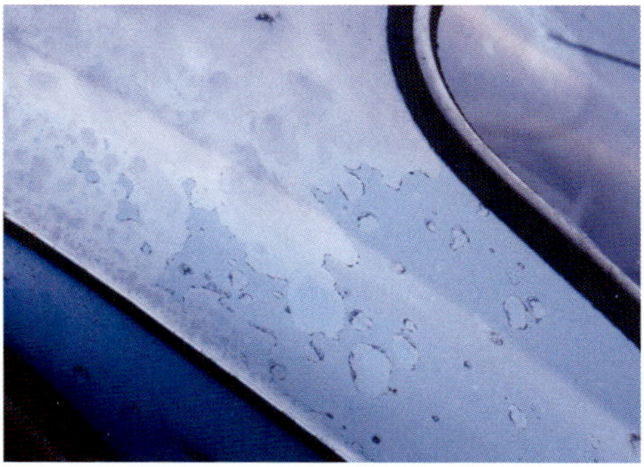

Wenn sich der Klarlack ablöst, beginnt der Lack darunter zu blättern.

Einschlüsse

Wenn bei den Vorbereitungen zum Lackieren und beim eigentlichen Lackiervorgang nicht auf Sauberkeit geachtet wurde, kommt es zu Staub- und Schmutzeinschlüssen, die sich nicht ohne weiteres entfernen lassen. Hier hilft nur eine vollständige Neulackierung.

Beulen

Kleinere Beulen lassen sich leicht vom „Beulen-Doktor" (Adressen im Internet) sanft und meistens ohne Folgen für den Lack aus dem Blech ziehen, sofern die Lackoberfläche noch intakt ist. Auf jeden Fall sollte man berücksichtigen, dass bei vielen Oldtimern dickere Bleche verwendete wurden als bei heutigen Fahrzeugen und sich dadurch die Arbeit des Beulen-Doktors manchmal schwieriger – und somit teurer als angenommen – gestalten kann.

15 Standschäden

Der Bulli bleibt wie wir Menschen nur intakt, wenn er regelmäßig bewegt wird. Einmal die Woche wenigstens 15 Kilometer sind für jeden Klassiker in der warmen Jahreszeit empfehlenswert, sonst drohen Standschäden.

Festgegangen

Die Kolben in den Bremssätteln, Geber- und Nehmerzylindern können festgehen. Die Kupplung kann durch Korrosion mit dem Schwungrad verkleben. Die Handbremse kann durch rostige Seile ihre Wirkung verlieren. Die Kolben können in den Zylindern festrosten.

Flüssigkeiten

Altes, säurehaltiges Öl kann zur Rostbildung an den Lagern führen. Prüfen Sie das Öl am Peilstab. Wenn der Bulli lange gestanden hat, werden sich Kohlenstoff und anderer Abrieb als schwärzlicher Film auf allen Oberflächen abgesetzt haben. Mit einem Ölwechsel und tausend vorsichtig gefahrenen Kilometern regelt sich das wieder. Im schlimmsten Fall könnte die Säure die Kurbelwelle und Lager angegriffen haben.

Kühlwasser ohne Frostschutz kann nicht nur im Winter die Froststopfen herausdrücken und den Block oder Zylinderkopf reißen lassen, sondern auch Korrosion im Kühlsystem begünstigen. Abgelagerte Verschmutzungen können Überhitzung verursachen.

Bremsflüssigkeit nimmt Wasser aus der Luft auf und sollte alle zwei Jahre erneuert werden. Alte, wasserhaltige Flüssigkeit begünstigt die Rostbildung an Bremskolben und kann zum Bremsausfall führen, wenn das Wasser in der Nähe heißer Bremsenteile verdampft.

Reifen

Ist der Reifen lange an einer Stelle mit dem Fahrzeuggewicht belastet gewesen, bildet er einen Standplatten, der (meist vorübergehend) beim Fahren Vibrationen hervorruft. Die Reifenwände können porös geworden sein oder leichte Ausbeulungen aufweisen und müssen dann erneuert werden.

War ein Reifen lange platt, wird er ersetzt werden müssen, weil die Reifenflanken irreparabel Schaden genommen haben.

Stoßdämpfer

Bis März 1955 wurden hinten Hebelstoßdämpfer verwendet, danach kamen stets Teleskop-Stoßdämpfer zum Einsatz. Nach längerem Stillstand sind meist die Dichtungen beschädigt, so dass Flüssigkeit austreten kann. Schauen Sie, ob Sie austretende Flüssigkeit erkennen und drücken Sie jede Wagenecke herunter, um die Wirkung der Stoßdämpfer zu prüfen. Nach dem Loslassen sollte der Bulli seine frühere Position umgehend einnehmen, und zwar ohne auffälliges Schaukeln. Defekte Stoßdämpfer sind ein erheblicher Mangel bei der Hauptuntersuchung. Generell gelten die von VW verwendeten Stoßdämpfer jedoch als langlebig.

Gummi und Kunststoff

Scheiben- und Türdichtungen können spröde werden und Wasser hereinlassen. Verkleidungen und Buchsen können ebenfalls rissig, die Scheibenwischergummis hart werden.

Elektrik

Die Batterie dankt regelmäßige Nachladung auch bei stillgelegten Fahrzeugen mit längerer Lebensdauer und Einsatzbereitschaft. Masseprobleme treten auf, wenn die Verbindungen korrodiert sind. Die keramischen Sicherungen können durch Korrosion Übergangswiderstände ausbilden; sie müssen dann mit feinem Schleifpapier gereinigt und mit Kontaktspray besprüht werden. Die meisten Verbindungen bestehen aus 6,3 mm Kabelschuhen, die auf gleiche Weise gereinigt wieder für sicheren Kontakt sorgen, was Spannungsabfälllen besonders beim T1 vor Modelljahr 1967 vorbeugt. Die Kerzenstecker sind ebenfalls Verschleißteile. Ihre Hülle versprödet durch die Hitze. Die Kabelisolierung kann brüchig werden, wodurch die Isolierung leidet. Dann kommt es zu Funkenüberschlägen zur Motorverblechung (in absolut dunkler Umgebung gut zu sehen) und zu Zündaussetzern. Hier hilft nur eine Erneuerung des Zündgeschirrs.

Rissige Fensterdichtungen verbergen meist Rost unter sich, weil sie Wasser hereinlassen.

Defekte Auspuffanlagen können je nach Ausführung und Baujahr teuer werden.

Auspuff

Das Abgas enthält viel Kondenswasser, das im Auspuff zu rascher Korrosion von innen her führt, wenn der Bulli lange stillsteht. Insbesondere Kurzstreckeneinsätze, bei denen der Motor keine Betriebstemperatur erreicht, setzen der Auspuffanlage zu.

16 Wichtige Adressen und Ansprechpartner

Wer einen Klassiker wie den VW Bus besitzt, wird früher oder später darüber nachdenken, sich einem Club oder einer Interessengemeinschaft anzuschließen. Ein Club bietet technische Unterstützung, hilft bei Fragen und es lassen sich Teile organisieren oder komplette Fahrzeuge kaufen. Auch stehen regelmäßige Treffen und Ausfahrten auf dem Programm.
Die Gemeinschaft der VW Bus-Liebhaber organisiert sich weltweit in einer starken Club-Szene, die sich besonders im Internet mit zahlreichen Seiten und Foren dem Thema T1 bis T3 annimmt. Neben typspezifischen Informationen erweist sich das World-Wide-Web auch als nützlicher Helfer bei der Suche nach Spezialisten, wenn es um das Thema Restaurierung geht. Unter www.oldtimer-adressen-lexikon.de und www.oldtimer-markt.de offerieren Dienstleister aus allen Bereichen ihre speziellen Fertigkeiten rund um das „rostigste Hobby der Welt".

Clubs und Internetforen in Deutschland

T3 NORD
Waldstr. 15a
25938 Wyk auf Föhr
www.t3nord.de

VW-Bus-Museum der IG T2
Schacht Haverlahwiese 1
Gustedter Str. 201
38229 Salzgitter-Gebhardshagen
www.bullimuseum.eu

VW-Bus-Freunde Recklinghausen
Marienburgerstr. 19
45665 Recklinghausen

Interessengemeinschaft T2
Lüstraetenweg 18
47802 Krefeld
www.bulli.org

VW-Bus-Club Koblenz
Erlenweg 11
56323 Waldesch
www.vwbc.de

Bulli-Club Kamen
Hüchtweg 16
59174 Kamen

VW-Bus-Freunde Rosenheim
Edelweißstr. 22;
83543 Rott am Inn

Internetforen
www.bullikartei.de
www.vw-bulli.de
www.westfalia-register.org
www.ig-t3.com
www.cocev.de (Camping-Oldie-Club e.V.)

Teilehändler und Restaurierungsfachbetriebe

Custom & Speed Parts Autoteile GmbH
Am Redder 3
22941 Bargteheide
Tel.: 04532/23240
www.csp-shop.de

Wagenteile
Autoteile für alle Heckmotor-VW
Albert-Einstein-Straße 20
30974 Wennigsen
Tel.: 05103/927450
www.wagenteile.com

Volkswarenhaus GmbH & Co. KG
Hannoversche Straße 41
34355 Staufenberg bei Kassel
Tel.: 05543/94110
www.volkswarenhaus.de

Volkswagen-Audi Classic Parts Center
Weser-Ems Vertriebsgesellschaft mbH
Theodor-Heuss-Str. 28b
38436 Wolfsburg
Tel.: 05361/308577-11 o. -22
www.vw-classicparts.de

Veteranen-Service
Bernd P. Gerhards
Hauptstraße 18
41352 Korschenbroich
Tel.: 02182/59225
www.veteranen-service.de

Volksmobil-Only
Jörg Ehring + H. Abdollah Malayeri GbR
Braubacher Str. 76
56112 Lahnstein
Tel.: 02621/629488
www.volksmobil-only.de

VW BUS Shop
Günzl Classic Parts
Am Sportfeld 3
64347 Griesheim
Tel.: 06155/608310
www.vwbusshop.de

Käfer + Co Volkswagenteile
Thomas Koch
Wolfslochstr. 72
66482 Zweibrücken
Tel.: 06332/485880
www.kaefer-co.de

Veteranendienst Peter Fried
Versandhandel
Obergasse 6
67125 Dannstadt
Tel.: 06231/915295
www.veteranendienst-fried.com

Literatur zum Thema

Bevor man auf Besichtigungstour geht, sollte man sich einen gründlichen Überblick über die Marktsituation und das Preisgefüge verschaffen. Diverser Preisführer (z.B. der jährlich im HEEL Verlag erscheinenden *Oldtimer Katalog*) und Fachmagazine wie *Oldtimer Markt* sind unverzichtbare Hilfsmittel und hervorragende Informationsquellen für jeden Kaufinteressierten.

Zink, Günther	Oldtimer Katalog Nr. 26	HEEL Verlag
Hajt, Jörg	VW Bus – Geschichte einer Leidenschaft	HEEL Verlag
Eccles, David	VW Campingbus – Die Legende lebt	HEEL Verlag
Petzholdt, Christian	Das große Buch der Fahrzeugpflege	HEEL Verlag
Petzholdt, Christian	Oldtimerpflege	HEEL Verlag

Wichtige jährliche Veranstaltungen

Bremen Classics, Bremen
Retro Classics, Stuttgart
Techno Classica, Essen
Schloss Dyck Classic Days
VETERAMA, Ludwigshafen
Motorshow, Essen

17 Daten und Fakten

Produktionszahlen

T1: 1.833.000 Stück
T2: 2.465.000 Stück
T3: 1.839.000 Stück

Nicht jede Motorvariante dieser mehr als vierzigjährigen Produktionsdauer kann besprochen werden. Daher wurden drei typische Modelle ausgewählt, einschließlich eines luftgekühlten T3.

Fahrleistungen

T1 von 1966: Dauer-Höchstgeschwindigkeit 104 km/h
T2 von 1972: Dauer-Höchstgeschwindigkeit 109 km/h, 0-80 km/h in 23 Sekunden
T3 von 1980: Dauer-Höchstgeschwindigkeit 128 km/h, 0-100 km/h in 18 Sekunden

Motor

T1 von 1966: Luftgekühlter Vierzylinder-Boxermotor, 1493 ccm (83 x 69 mm), Verdichtung 7,5:1, 42 PS bei 3800/min
T2 von 1971: Luftgekühlter Vierzylinder-Boxermotor, 1584 ccm (85,5 x 69 mm), Verdichtung 7,7:1, 50 PS bei 4000/min
T3 von 1980: Luftgekühlter Vierzylinder-Boxermotor, 1970 ccm (94 x 71 mm), Verdichtung 7,4:1, 70 PS bei 4200/min

Getriebe

T1 von 1966: Viergang-Schaltgetriebe, Übersetzungen 3,80, 2,06, 1,22 und 0,82:1
T2 von 1971: Synchronisiertes Viergang-Schaltgetriebe, Übersetzungen 3,80, 2,06, 1,26 und 0.89:1
T3 von 1980: Synchronisiertes Viergang-Schaltgetriebe, Übersetzungen 3,78, 2,06, 1,26 und 0,852:1, a.W. Dreigang-Automatik

Bremsen

T1 von 1966: Hydraulische Trommelbremsen rundum
T2 von 1971: Hydraulische Bremsen, vorn Scheiben
T3 von 1980: Hydraulische Bremsen, vorn Scheiben

Elektrische Anlage

T1 von 1966: 6 Volt
T2 von 1971: 12 Volt
T3 von 1980: 12 Volt

Länge, Breite und Höhe

T1 von 1966: 4305, 1675 und 1869 mm
T2 von 1971: 4435, 1693 und 1930 mm
T3 von 1980: 4575, 1805 und 1954 mm

Radstand

T1 von 1966: 2400 mm
T2 von 1971: 2363 mm
T3 von 1980: 2460 mm

Kraftstoffverbrauch

T1 von 1966: 10 Liter/100 km
T2 von 1971: 11,5 Liter/100 km
T3 von 1980: 13,5 Liter/100 km

Wichtige Änderungen (chronologisch geordnet)

März 1953: Synchronisierung für 2., 3. und 4. Gang
Dezember 1953: Leistung 30 statt bisher 25 PS
März 1955: Facelift, Dach vorn überstehend mit Frischlufteinlass, erheblich kleinere Motorhaube, Innenraum direkt über Heckklappe erreichbar (vorher nur beim Samba)
März 1956: Produktion stufenweise von Wolfsburg nach Hannover verlagert
Mai 1959: Überarbeiteter 30-PS-Motor mit höherer Verdichtung
Juni 1960: Neuer Motor mit 34 PS
Juni 1960: Europa-Modelle erhalten Blinker statt Winker (für USA schon seit 1955)
31. Juli 1961: Tankanzeige
August 1962: Vordere Bank durch Sitze für Fahrer und zwei Beifahrer ersetzt
Januar 1963: Neuer 1500er Motor, ursprünglich nur für USA, ab März a.W. auch im RdW
August 1963: Breiteres Rückfenster in geänderter Heckklappe
August 1963: Frontblinker generell flacher und größer (für USA schon seit 1961)
Herbst 1965: 1200er-Motor entfällt für alle Märkte
August 1966: 12-Volt-Elektrik
31. Juli 1967: Ende T1-Produktion
August 1967: Vorstellung T2 mit 1600er-Motor, einteiliger Ansaugkrümmer
August 1970: Scheibenbremsen vorne, andere Felgen (weiterhin Fünfloch)
August 1970: 1600er mit mehrteiligem Ansaugkrümmer
August 1971: 1700er Motor vorgestellt (USA Serie), Zweivergaseranlage
August 1972: Front geändert, Blinker höher gerückt, stabilere Stoßfänger, kleineres VW-Zeichen vorn, 1700er mit Automatik erhältlich
August 1973: 1800er ersetzt 1700er, US-Modelle mit Bosch-Einspritzung
Juli 1975: Stoff-Sitzbezüge im Bus (für einige Märkte)
August 1975: Zweiliter ersetzt den 1800er-Motor
31. Juli 1979: Ende T2-Produktion
August 1979: Vorstellung T3 (1600er mit 50 PS oder Zweiliter mit 70 PS, alle luftgekühlt, in USA „Vanagon"
September 1980: Diesel (1,6 Liter, 50 PS aus Golf) vorgestellt
September 1981: Erste Caravelle-Luxusversion
September 1982: 1,9-Liter-Wasserboxer mit 60 oder 78 PS, a. W. Fünfganggetriebe
September 1983: Namensänderung Kasten-, Pritschenwagen und Kombi in Transporter, Bus in Caravelle C, CL oder GL (USA weiter Vanagon), Carat mit 1,9-Liter-Einspritzer und 90 PS
Februar 1985: Transporter Syncro mit permanentem Allradantrieb vorgestellt
August 1985: 1,6-Liter-Turbodiesel mit 70 PS und 2,1-Liter-Einspritz-Benziner mit 112 PS
September 1986: Einführung des anfangs bei Westfalia gebauten Multivan-Campingbusses
September 1987: Sauger-Diesel auf 1,7 Liter und 57 PS vergrößert (vorher 50 PS)
September 1989: Alle Modelle mit Doppel-Rechteckscheinwerfern
August 1990: Vorstellung T4, T3 Syncro bis September 1992 weitergebaut

Reparieren und Optimieren leicht gemacht
264 Seiten, 1300 Abbildungen, 213 x 270 mm,
Hardcover, ISBN 978-3-86852-699-8
EUR 49,95

VW-Bus-Träume von T1 bis T3
256 Seiten, 350 Abbildungen, 222 x 275 mm,
Hardcover, ISBN 978-3-95843-897-2
EUR 14,99

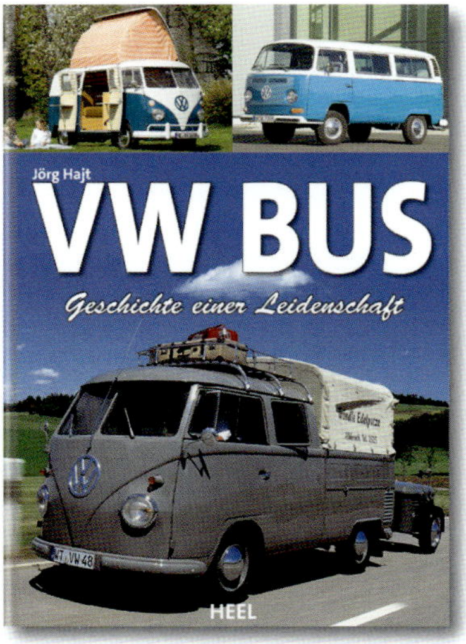

Geschichte einer Leidenschaft
136 Seiten, 200 farbige Abbildungen, 218 x 302 mm,
Hardcover, ISBN 978-3-86852-371-3
EUR 19,95

Soul Kitchen
288 Seiten, 350 Abbildungen, 220 x 260 mm,
Hardcover, ISBN 978-3-86852-817-6
EUR 29,95

Noch mehr Titel finden Sie unter www.heel-verlag.de